高等学校智能制造专业系列教材

运动控制与伺服驱动技术及应用

主　编　王万强

副主编　张贝克　项道德　蒋卫明

主　审　陈国金

西安电子科技大学出版社

内 容 简 介

本书围绕伺服运动控制技术，基于全国大学生"西门子杯"中国智能制造挑战赛专用运动控制设备、典型电机运动控制教学实验台和机器人算法软件，精心设计了若干运动控制项目，为读者由浅入深地建立起运动控制系统的基本框架和应用模式。

本书内容突出工程能力与技能的培养，技术与应用并重，特别介绍了"西门子杯"中国智能制造挑战赛软硬件技术与设备实操。本书设计的项目结合了智能制造企业的需求和新工科专业课程大纲的要求，主要内容包括运动控制技术概述、机器人运动控制算法、基于 S7-200 PLC 的运动控制系统设计、基于西门子 T-CPU 及 S120 的运动控制系统设计以及基于 MCCT 实训平台的运动控制综合实训。

本书图文并茂、案例丰富、注重实践，可作为高等院校学生学习运动控制技术的教材，也可供相关工程技术人员进行参考。

图书在版编目(CIP)数据

运动控制与伺服驱动技术及应用/王万强主编. —西安：西安电子科技大学出版社，2020.11(2022.1 重印)

ISBN 978-7-5606-5892-6

Ⅰ.① 运… Ⅱ.① 王… Ⅲ.① 运动控制—伺服系统—驱动机构—研究 Ⅳ.① TP24

中国版本图书馆 CIP 数据核字(2020)第 195429 号

策划编辑　陈　婷
责任编辑　李英超　陈　婷
出版发行　西安电子科技大学出版社(西安市太白南路 2 号)
电　　话　(029)88242885　88201467　　　邮　　编　710071
网　　址　www.xduph.com　　　　　　　电子邮箱　xdupfxb001@163.com
经　　销　新华书店
印刷单位　广东虎彩云印刷有限公司
版　　次　2020 年 11 月第 1 版　　2022 年 1 月第 2 次印刷
开　　本　787 毫米×960 毫米　1/16　印　张　20.75
字　　数　430 千字
定　　价　47.00 元

ISBN 978-7-5606-5892-6/TP

XDUP 6194001-2

如有印装问题可调换

前　　言

运动控制技术作为电子技术、自动控制技术和计算机技术的综合，在工业自动化和智能制造领域具有广泛的应用，是现代工业控制的主要技术之一。目前，运动控制技术及相关软硬件较以往均有了质的变化，出现了很多新型控制器、执行器以及控制算法。为迎合国家"智能制造 2025"和"工业 4.0"的发展战略，本书编者与智能制造领域国内知名企业深入合作，以较为流行的西门子公司产品为核心，系统地介绍了运动控制技术的理论及应用。

本书共 5 章。第 1 章介绍运动控制技术基本原理；第 2 章重点介绍机器人运动控制算法；第 3 章主要讲解如何使用西门子 S7-200 PLC 来构建运动控制系统进行项目实践；第 4 章简略介绍 SINAMICS T-CPU 与 S120 的运动控制；第 5 章主要介绍运动控制综合实训平台的使用方法，并给出 15 个基于西门子 STEP 7、T-CPU 的运动控制技术综合实训案例。

本书由杭州电子科技大学王万强担任主编，负责全书的规划和统稿。第 1 章由安吉八塔机器人有限公司蒋卫明编写，第 2 章由安吉八塔机器人有限公司项道德编写，第 3 章、第 5 章由王万强编写，第 4 章由北京化工大学张贝克编写。

本书的编写参考了大量相关的教材、专著、论文等资料，尤其是得到了安吉八塔机器人有限公司的鼎力支持，在此向有关的作者致以诚挚的谢意！特别感谢西安电子科技大学出版社和本书的编辑，没有他们的付出，就没有本书的成稿和出版。

由于编者水平有限，书中疏漏在所难免，敬请读者批评指正。

欢迎广大读者与作者交流技术心得体会，作者邮箱地址：wwq@hdu.edu.cn。

作　者
2020 年 6 月于杭州

目　　录

第1章　运动控制技术

1.1　运动控制技术的定义

运动控制是通过机械传动装置对运动部件的位置、速度进行实时的控制管理，使运动部件按照预期的轨迹和规定的运动参数(如速度、加速度参数等)完成相应的动作。

按照使用动力源的不同，运动控制主要分为以电机作为动力源的电气运动控制、以气体和流体作为动力源的气液控制和以燃料(煤、油等)作为动力源的热机运动控制等。据统计，在所有动力源中，90%以上是电机。因此在常见的运动控制中，电气运动控制的应用最为广泛。电气运动控制是由电力拖动发展而来的，电力拖动系统或电气传动系统是对以电机为对象的控制系统的通称，本书论述的运动控制均是指电气运动控制。

电气运动控制技术是通过对电机电压、电流、频率等电量的控制，来改变工作机械的转矩、速度、位移等机械量，使各种工作机械按人们的期望运行，以满足生产工艺及其他应用的需要。

工业生产和科学技术的发展对运动控制系统提出了更高的要求，但同时也为研制和生产各类新型的控制装置提供了可能。现代运动控制已成为电机学、电力电子技术、微电子技术、计算机控制技术、控制理论、信号检测与处理技术等多门学科相互交叉的综合性学科，如图1.1所示。

如图1.1所示，各学科在运动控制技术中的功能分别介绍如下。

(1) 电机学：电机是运动控制系统的控制对象，电机的结构和原理决定了运动控制系统的设计方法和运行性能，新型电机的发明也会促进新的运动控制系统的产生。

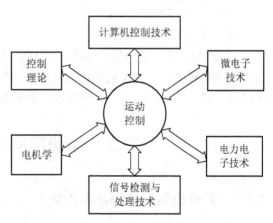

图 1.1　运动控制技术所涉及学科

(2) 电力电子技术：是运动控制系统的执行手段。以电力电子器件为基础的功率放大与变换装置是弱电控制强电的媒介，在运动控制系统中，电源的输出质量直接影响运动控制系统的运行状态和性能。新型电力电子器件的诞生必将产生新型的功率放大与变换装置，对改善电机供电电源质量，提高系统运行性能起到积极的推进作用。

(3) 微电子技术：是运动控制系统的控制基础。随着微电子技术的快速发展，各种高性能的大规模或超大规模的集成电路层出不穷，这不仅方便和简化了运动控制系统的硬件电路设计及调试工作，而且提高了运动控制系统的可靠性。高速、大内存容量以及多功能的微处理器或单片微机的问世，不但使各种复杂的控制算法在运动控制系统中的应用成为可能，而且大大提高了控制精度。

(4) 计算机控制技术：是运动控制系统的控制核心。计算机具有强大的逻辑判断、数据计算和处理、信息传输等能力，能进行各种复杂的运算，可以实现复杂的控制规律，达到模拟控制系统难以实现的控制功能和效果。计算机控制技术的应用使对象参数辨识、控制系统的参数自整定和自学习、智能控制、故障诊断等成为可能，大大提高了运动控制系统的智能化和系统的可靠性。

(5) 信号检测与处理技术：是运动控制系统的"眼睛"。运动控制系统的本质是反馈控制，即根据给定和输出的偏差实施控制，最终缩小或消除偏差。运动控制系统需要通过传感器实时检测系统的运行状态，构成反馈控制，并进行故障分析和故障保护。由于实际检测信号往往带有随机的扰动，这些扰动信号对控制系统的正常运行会产生不利的影响，严重时甚至会破坏系统的稳定性。为了保证系统可以安全可靠地运行，必须对实际检测到的信号进行滤波等处理，提高系统的抗干扰能力。此外，传感器输出信号的电压、极性和信号类型往往与控制器的需求不相吻合，因此传感器输出信号一般不能直接用于控制系统，需要进行信号转换和数据处理。

(6) 控制理论：是运动控制系统的理论基础，也是系统分析和设计的依据。控制系统实际问题的解决常常能推动理论的发展，而新的控制理论的诞生，诸如非线性控制、自适应控制、智能控制等，又为研究和设计各种新型的运动控制系统提供了理论依据。

1.2　运动控制系统的组成结构

1.2.1　运动控制系统的基本构成

运动控制技术作为多种技术的有机结合体，随着各种学科技术的发展而不断向前迈进，其内涵也在不断改变，原有电力拖动的概念已经不能充分适应电气运动控制技术的发展需求。因此，20 世纪 80 年代后期，国际上开始出现运动控制系统(Motion Control System)这一术语。运动控制系统多种多样，但从基本结构上看，一个典型的现代运动控制系统的硬件主要由上位计算机、运动控制器、功率驱动装置、电机、执行机构和传感器反馈检测装置等部分组成。其中的运动控制器是指以中央逻辑控制单元为核心，以传感器为信号敏感元件，以电动机或动力装置和执行单元为控制对象的一种控制装置。它的主要任务是根据运动控制的要求和传感器件的信号进行必要的逻辑、数学运算，为电动机或其他动力执行装置提供正确的控制信号。

一般来说，运动控制系统可以分成开环控制系统和闭环控制系统两类，其中开环控制系统通常由控制器、功率驱动装置和电机三部分组成，在开环系统上加入传感器等信号检测装置即可组成闭环控制系统。一个典型运动控制系统的基本组成结构如图 1.2 所示。

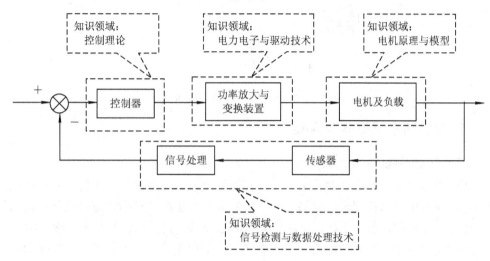

图 1.2 运动控制系统的基本组成结构

我们希望运动控制系统具有稳定可靠并且连续运行的能力；具备良好的抗干扰能力；具有高精度，包括定位精度、重复定位精度、动态跟随误差等；具有良好的快速响应性；具有开发周期短、快速上手和易于维护的特点。图 1.3 是一个典型运动控制系统的构成部件示意图，从图中可以看出，运动控制系统一般包括可靠性好、功能强大的控制器，稳定的执行机构，精确的反馈机构(包括光栅和编码器)和精密的机械结构(包括减速机构、传动机构和机械装置)等部件。

图 1.3 中运动控制系统主要构成部件的说明如下：

(1) 人机界面，包括 PC、触摸屏和工控机。

(2) 运动控制器，包括专用运动控制器和开放式结构运动控制器。

(3) 驱动器，通常为全数字式驱动器。

(4) 执行机构，包括步进电机、伺服电机和直线电机。

(5) 反馈机构,包括位置反馈元件(角度、位移)和速度反馈元件。

(6) 传动机构,包括齿型带、减速器、齿轮齿条和滚珠丝杠。

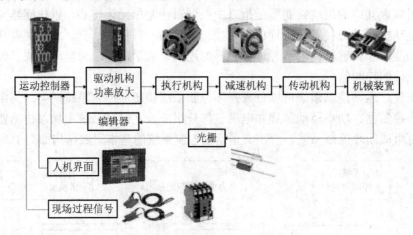

图 1.3　典型运动控制系统的构成部件

1.2.2　运动控制系统的典型构成

1. 开环控制系统(Open Loop)

开环控制系统没有位置检测反馈装置,其执行电机一般采用步进电机,此类系统最大的特点是控制方便、结构简单、价格便宜。控制系统发出的位移指令信号流是单向的,因此不存在稳定性问题,但由于机械传动误差不经过反馈校正,故位置精度一般不高。

开环控制是运动控制系统的最基本构成样式,根据被控电机的类型,可以分为以下两种典型结构框图,如图 1.4 和图 1.5 所示。

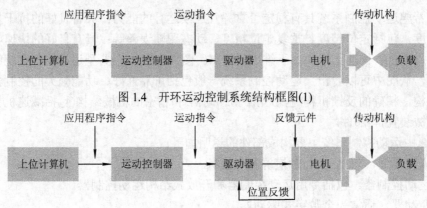

图 1.4　开环运动控制系统结构框图(1)

图 1.5　开环运动控制系统结构框图(2)

1) 步进电机的开环运动控制

步进电机是一种将数字式电脉冲信号转换为角位移的机电执行元件，低成本、控制简单、能直接实现数字控制；其位移与脉冲数成正比，速度与脉冲频率也成正比；结构简单、无换向器和电刷、坚固耐用、抗干扰能力强、无累积定位误差(一般步进电机的精度为步距角的 3%～5%，且不累积)，是开环运动控制常用的电机类型。

步进电机开环运动控制系统的各组成部分及其功能如表 1.1 所示。

表 1.1　步进电机开环控制系统的组成部分及其功能

组成部分	功能说明
上位计算机	运动代码生成，应用程序，人机界面
运动控制器	运动规划，位置脉冲指令
驱动器	脉冲分配，电流放大
步进电机 (常见类型)	永磁式：两相(7.5°) 反应式：三相(1.5°) 混合式：两相(1.8°)或五相(0.72°)

尽管步进电机运动控制系统简单易用，但是也存在着不少缺点：

(1) 单步响应中有较大的超调量和振荡；

(2) 承受惯性负载能力差；

(3) 转速不够平稳，低速特性差；

(4) 不适用于高速运行；

(5) 自振效应；

(6) 高速时损耗较大；

(7) 低效率、电机过热(机壳可达 90℃)；

(8) 噪声大，特别是在高速运行时；

(9) 当出现滞后或超前振荡时，几乎无法消除；

(10) 可选择的电机尺寸有限，输出功率较小；

(11) 位置精度较低。

2) 伺服电机的开环运动控制

伺服电机与步进电机相比，具有下列优势：

(1) 良好的速度控制特性，可以在整个速度区内实现平滑控制，几乎无振荡；

(2) 高效率(90%以上)，不发热；

(3) 高速控制；

(4) 高精确位置控制(取决于编码器)；

(5) 在额定运行区域内可实现恒力矩；

(6) 低噪声；

(7) 没有电刷的磨损，免维护；

(8) 不产生磨损颗粒、没有火花，适用于无尘间、易爆环境；

(9) 惯量低；

(10) 价格具有竞争性。

伺服电机开环运动控制系统通过运动控制器输出脉冲类型信号给伺服驱动器，类似于控制步进电机的工作方式，伺服驱动器工作于位置控制模式。伺服驱动器内部要完成三闭环(位置环、速度环及电流环)，伺服驱动器负责电机的换向。在开环控制模式下，控制器仍然可以接收来自驱动器的编码器信号或外部的光栅尺信号即位置反馈信号，但是在控制器中不对这些信号做闭环。

伺服电机开环运动控制系统的优点是：

(1) 运动控制器不需要完成任何闭环，对控制器要求较低，几乎全部通用运动控制器都可以实现这个功能，控制器即使不接任何反馈也可以实现控制；

(2) 让电机运动起来很简单，几乎不存在飞车的可能；

(3) 脉冲信号抗干扰能力较强，对屏蔽要求低；

(4) 控制器不需要调试 PID 参数，但驱动器中可能需要调试。

伺服电机开环运动控制系统的缺点是：

(1) 无法实现全闭环控制；

(2) 电机无法实现非常快速的响应；

(3) 所有运动控制部分都在驱动器中完成，由于大部分驱动器计算能力有限，对于较高的控制要求往往很难实现。

伺服电机开环运动控制系统的各组成部分及其功能如表 1.2 所示，运动控制器常见的脉冲指令类型及其图例如表 1.3 所示。

表 1.2　伺服电机开环控制系统的组成部分及其功能

组成部分	功能说明
上位计算机	运动代码生成，应用程序，人机界面
运动控制器	运动规划，位置脉冲指令
驱动器	电流放大，位置反馈控制
电机	交流伺服电机、直流伺服电机

表 1.3 开环运动控制常见的脉冲指令类型及其图例

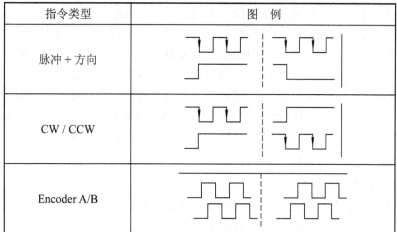

指令类型	图 例
脉冲＋方向	
CW / CCW	
Encoder A/B	

2．闭环控制系统(Close Loop)

开环运动控制系统加入反馈控制之后成为闭环运动控制系统，反馈分为速度反馈和位置反馈两种。按照位置反馈信号的来源不同，闭环控制系统分为半闭环运动控制系统和全闭环运动控制系统，如图 1.6 和图 1.7 所示。

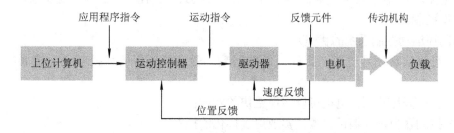

图 1.6 闭环运动控制系统结构框图(1)

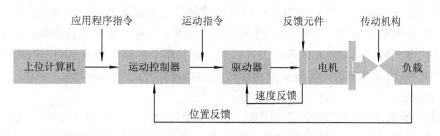

图 1.7 闭环运动控制系统结构框图(2)

半闭环运动控制是指数控系统或 PLC 发出脉冲指令，伺服接受指令并执行。在执行的过程中，伺服本身的编码器将位置反馈给伺服控制器，伺服控制器自己进行偏差修正。采用半闭环运动控制模式可避免伺服本身的误差，但是机械误差无法避免，因为控制系统并不知道实际的位置。全闭环是指伺服接受上位控制器发出的速度可控的脉冲指令并执行。执行的过程中，在机械装置上有位置反馈装置，直接将位置反馈给控制系统。控制系统通过比较，判断出与实际偏差，给出伺服指令进行偏差修正。全闭环运动控制系统通过频率可控的脉冲信号完成伺服的速度环控制，然后又通过位置传感器(光栅尺、编码器)完成伺服的位置环控制。简而言之，这种把伺服电机、运动控制器和位置传感器三者有机地结合在一起的控制模式被称为全闭环控制。

1) 半闭环运动控制系统

位置反馈采用转角检测元件，直接安装在伺服电机端部。由于具有位置反馈比较控制，因而可以获得较高的定位精度，大部分机械传动环节未包括在系统闭环环路内，因此可获得较稳定的控制特性。丝杠等机械传动误差不能通过反馈校正，但可采用软件定值补偿的方法来适当提高精度。

图 1.6 所示的运动控制系统利用运动控制器完成位置环闭环，通过控制器输出+/−10 V 速度指令信号给驱动器，伺服驱动器工作于速度控制模式下，在驱动器内部实现双闭环(速度环与电流环)，驱动器负责电机的换向。在这种模式下，控制器必须接受反馈信号，否则不能实现控制。

半闭环运动控制系统的优点是：

(1) 可以实现闭环控制，提高系统的精度，是在能实现闭环控制中对控制器要求最低的；

(2) 相比开环控制，电机可以实现更快的响应；

(3) 控制器中可以调试参数，实现更多样化的控制。

2) 全闭环运动控制系统

采用光栅等检测元件对被控单元进行位置检测，可以消除从电机到被控单元之间整个机械传动链中的传动误差，得到很高的静态定位精度。但由于在整个控制环内，许多机械传动环节的摩擦特性、刚性和间隙均为非线性，并且整个机械传动链的动态响应时间(与电气响应时间相比)又非常大，使得整个闭环系统的稳定性校正变得很困难，系统的设计和调整也相当复杂。

图 1.7 所示的运动控制系统利用控制器实现双闭环(位置环与速度环)，控制器输出+/−10 V 电流(转矩)指令信号给驱动器。驱动器工作于电流(转矩)控制模式下，在驱动器中完成单闭环(电流环)，驱动器负责电机的换向。控制器需要接收编码器或光栅尺反馈信号，控制器中的位置环与速度环反馈可以来自相同的反馈信号，也可来自不同的反馈信号(双反

馈)。

全闭环运动控制系统的优点是：

(1) 可实现全闭环反馈控制；

(2) 电机的响应更快；

(3) 能实现该功能的产品较多，是最常用的直线电机的控制方式；

(4) 可以实现开环转矩控制及闭环位置控制的灵活切换；

(5) 全部 PID 参数都在控制器的完成，调试更简单。

上述两种运动控制系统的共同缺点是：

(1) 对控制器要求较高，有些控制器只能发送脉冲，就不能实现闭环控制策略；并且控制器必须接收反馈信号；

(2) 调试相较于开环控制复杂一些，调试时控制器中需要确定位置环极性，若极性不对，会出现飞车；

(3) 控制器及驱动器可能都需要调试参数；

(4) 对屏蔽要求高，控制器与驱动器共地。

1.2.3　运动控制系统的反馈元件

运动控制系统反馈元件的核心是传感器，包括霍尔传感器、测速发电机、旋转变压器和光电式位置检测元件等。反馈元件获取系统中的信息并向运动控制器反映系统状况，同时也可以在闭环控制系统中形成反馈回路，将指定的输出量反馈给运动控制器，而控制器则根据这些信息进行控制决策。

1. 霍尔传感器

霍尔传感器的作用是产生电机换相信号。

2. 测速发电机

测速发电机的作用是产生电机速度信号。

3. 旋转变压器

旋转变压器的作用是产生电机位置信号。

4. 光电式位置检测元件

光电式位置检测元件包括旋转式光电编码器(检测电机位置、速度和换相信号)和光栅尺(检测负载位置)，编码器又分为增量式和绝对式两种。编码器常见的输出信号类型有 A/B/Z 单相输出和正交 AB 相输出。图 1.8 是方波输出增量式编码器的工作原理示意图。

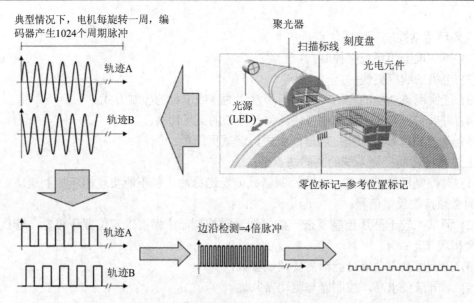

图 1.8 方波输出的增量式编码器工作原理

1) 编码器的应用方式 1

增量式编码器直接安装在伺服电机端部，直接反馈电机的实际转速，该种应用方式可获得较高的定位精度，如图 1.9 所示。

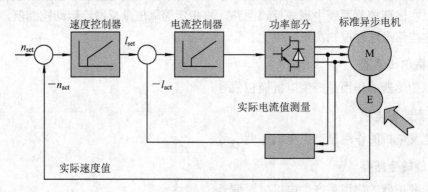

图 1.9 增量式编码器应用方式 1

2) 编码器的应用方式 2

增量式编码器安装在运动控制系统负载端部，直接反馈实际位置，该种应用方式可以消除从电机到被控单元之间整个机械传动链中的传动误差，具有很高的静态定位精度，如图 1.10 所示。

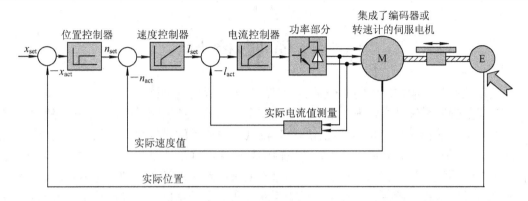

图 1.10 增量式编码器应用方式 2

1.2.4 运动控制系统的机械传动机构

运动控制柜系统中的机械传动机构作为电机的负载，也是一个重要的组成部分。根据传输方式的不同，机械传输可以分为旋转—旋转和旋转—直线运动两种方式，如表 1.4 所示。

表 1.4 机械传输方式及其常见机构

传输方式	旋转—旋转运动	旋转—直线运动
常见的传动机构	齿型带 斜齿轮减速器 摆线及外摆线转减速器 谐波驱动 蜗杆减速器或格立森(Gleason)齿轮	齿型带 齿轮齿条 金属带 滚珠丝杠

表 1.4 中各种传动机构的优缺点如下：

(1) 齿型带：价格便宜、反应慢，应用于控制带宽窄的场合(小于 10 Hz)；

(2) 齿轮减速器：间隙较大，摆线和外摆线齿轮减速相齿隙较小，但价格贵；

(3) 谐波齿轮减速箱：体积小、传动比大、齿隙小，但价格较贵，刚性不高(10～30 Hz)；

(4) 蜗杆减速器：应用场合有限，不适合低速时使用，润滑要求高、效率低；

(5) 齿轮齿条：传动行程长、反向间隙较大，非线性因素，易引起系统振荡、电机噪声；

(6) 滚珠丝杠：可以适合多种情形的传动，精度高、齿隙较小、可以达到较高的速度，对大行程的传动不合适，抗弯、抗扭的刚性和惯量限制了电机选型和系统控制带宽。

1.3　伺　服　控　制

运动控制是自动控制中的一个重要分支，其中伺服控制是核心。

广义的伺服系统是指精确地跟踪或复现某个过程的反馈控制系统，也被称作随动系统。而狭义伺服系统指被控制量(输出量)是负载机械空间位置的线位移或角位移，当位置给定量(输入量)变化时，系统的主要任务是使输出量快速而准确地复现给定量的变化，又被称作位置随动系统。简而言之，伺服就是用来控制被控对象的转角，使其能够自动、连续、精确地复现输入指令的变化。通常，伺服系统是带有负反馈的闭环控制系统，人们对伺服控制系统的要求是稳、准、快。

在生产实践中，伺服系统的应用领域非常广泛，如轧钢机轧辊压下量的自动控制、数控机床的定位控制和加工轨迹控制、船舵的自动操纵、火炮和雷达的自动跟踪、宇航设备的自动驾驶、机器人的动作控制等等。随着机电一体化技术的发展，伺服系统已成为现代工业、国防和高科技领域不可缺少的设备，是运动控制系统的一个重要分支。

运动控制技术分为运动控制器和伺服系统两个重要环节，综合了自动化技术、微电子技术、计算机技术、检测技术以及伺服控制技术等学科的最新成果，现已被广泛应用于智能制造行业中。运动控制作为一项核心技术，是很多高端装备的关键部件，也是工业控制的核心。例如，分析全球机器人四大厂商的技术发展路线，我们发现发那科、安川起步于运动控制部件，库卡和 ABB 在进入工业机器人领域后，亦选择了重点攻克运动控制系统，最终成就机器人四大家族的地位。由此可见，运动控制系统是诸多智能装备的核心竞争力。根据 IHS 数据，2019 年全球运动控制市场规模达到 120 亿美元，西门子、三菱、发那科占据榜单前三。

运动控制器就是控制电机的运行方式专用控制器，比如电机由行程开关控制交流接触器实现电机拖动物体向上运行达到指定位置后又向下运行，或者用时间继电器控制电机正反转或按照既定工序运转。运动控制在机器人和数控机床领域内的应用要比在专用机器中的应用更复杂，因为后者运动形式更简单，通常被称为通用运动控制(GMC)。运动控制主要涉及对步进电机、伺服电机的控制，控制结构模式一般是：控制装置+驱动器+(步进或伺服)电机。

控制装置可以是 PLC(可编程逻辑控制器)系统，也可以是专用的自动化装置(如运动控制器、运动控制卡)。PLC 系统作为控制装置时，虽具有 PLC 系统的灵活性、通用性，但对于精度较高，如插补控制，对反应灵敏的要求难以做到或编程非常困难，而且成本可能较高。随着技术进步和技术积累，运动控制器应运而生，它把一些普遍、特殊的运动控制功能固化在其中，如插补指令，用户只需组态、调用这些功能块或指令即可，这样减轻了编程难度，性能、成本等方面也有优势。也可以这样理解：PLC 的使用是一种普通的运动控制装置，运动控制器是一种特殊的 PLC，专职用于运动控制。

　　运动控制器是运动控制的大脑。运动控制器由软件、硬件等的性能综合决定，主要分为 PC-Based(基于工业 PC 的控制器)、专用控制器和 PLC(可编程逻辑控制器)三类。2019年我国运动控制器的市场规模超过 80 亿元，预计 2022 年接近 100 亿元，三类控制器将三分天下。PLC 用于不太复杂的基础运动控制，专用控制器是为特定行业(机床、工业机器人等)特制的控制器，PC-Based 基于工业 PC，性能突出、可拓展性强，成长为增速最快的控制器。我国运动控制器行业涌现出了一批优秀企业，包括台资的新代、宝元、研华，大陆品牌的固高、凯恩帝、维宏、雷赛、埃斯顿(TRIO)等。

　　伺服系统是运动控制的中枢神经和动力系统。伺服系统由伺服驱动器、电机和编码器构成。伺服驱动器是信号转换和信号放大的中枢，伺服电机提供动力，编码器实时记录位置信息并反馈信号，构成闭环控制。2019 年我国伺服系统市场规模约 150 亿元，正处于快速发展阶段。国产品牌汇川、埃斯顿正积极追赶日系、德系品牌。伺服系统一般由伺服电机、功率驱动器、控制器和传感器四大部分组成，除了位置传感器外，可能还需要电压、电流和速度传感器。伺服系统的结构如图 1.11 所示。

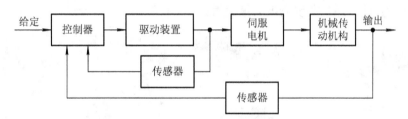

图 1.11　伺服控制系统结构示意图

　　伺服电机是伺服系统的执行机构。在小功率伺服系统中多用永磁式伺服电机，如永磁式直流伺服电机、直流无刷伺服电机、永磁式交流伺服电机，也可采用磁阻式伺服电机。在大功率或较大功率的情况下采用电励磁的直流或交流伺服电机。

　　伺服系统控制器是伺服系统的关键。伺服系统的控制规律体现在控制器上，控制器应根据位置偏差信号，经过必要的控制算法，产生功率驱动器的控制信号。

　　本书主要介绍工业自动化领域的一些运动控制系统的典型应用案例，目的是为读者提供一些学习和应用运动控制的素材，便于初学者掌握运动控制系统。

第 2 章　机器人运动控制算法

2.1　工业机器人的种类及组成

所谓工业机器人就是面向工业领域的多关节机械手或多自由度机器人，如机械手、焊接机器人等。工业机器人在工业生产中可以代替人做某些单调、频繁或重复的长时间作业，或是在危险、恶劣环境下的作业，例如在冲压、压力铸造、热处理、焊接、涂装、塑料制品成形、机械加工和简单装配等工序上，以及在原子能工业等部门中完成对人体有害物料的搬运或工艺操作。工业机器人的类型非常丰富，图 2.1 给出了几种典型的机器人，其中(a)是直角机器人，(b)是关节机器人，(c)是 Scara 机器人，(d)是 Delta 机器人。其中关节机器人非常具有代表性，在工业现场被大量使用。

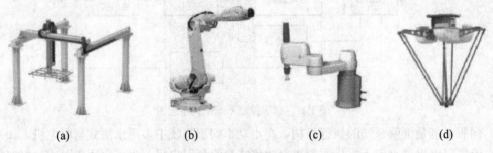

(a)　　　　　　(b)　　　　　　(c)　　　　　　(d)

图 2.1　典型的工业机器人

工业机器人是机电一体化的系统，它由以下几个部分组成：

(1) 机械结构件：包括底盘、支架、活动臂、法兰、传动杆、传动带以及抱闸等。

(2) 电机、减速器、编码器：主要采用伺服电机，简易的也可用步进电机。为了精确控制与记录各电机的转动角度，机器人中都十分重视减速器与编码器，可以使机器人在工作中的精度达 0.001 mm～0.1 mm。在全球范围内，机器人行业应用的精密减速机可分为 RV 减速机、谐波减速机和 SPINEA 减速机，前二者数量较多。其中，RV 减速器和谐波减速器是工业机器人主流的精密减速器，如图 2.2 和图 2.3 所示。

① RV 减速器：具有传动比大、传动效率高、运动精度高、回差小、低振动、刚性大和高可靠性等特点。在关节型机器人中，一般将 RV 减速器放置在机座、大臂、肩部等重负载的位置。

② 谐波减速器：传动比大、外形轮廓小、零件数目少且传动效率高。在关节型机器人中，谐波减速器一般放置在小臂、手腕部。

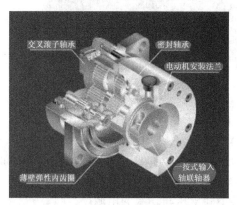

图 2.2　谐波减速器　　　　　　　　　　图 2.3　RV 减速器

(3) 驱动器：根据与控制器的通信，将"脉冲 + 方向"信号放大，驱动电机将根据获得的脉冲数量和方向信号转动相应的角度，如图 2.4 所示。

图 2.4　机器人电机驱动器

(4) 控制器与示教器：控制器实际上是一种特殊的计算机，犹如机器人的大脑，负责处理机器人的运动学正解与逆解、插值与插补，处理通信及各数据开关量与模拟量的输入、输出信号(如 DI、DO)，如图 2.5 所示。示教器则是人机控制终端，对机器人进行操作与编程，如图 2.6 所示。

图 2.5　机器人控制器

图 2.6　机器人示教器

(5) 执行机构：如焊枪、抓手、吸盘、喷枪等，根据工作场合的需要来选择。

(6) 输入/输出(I/O)：开关量(DI/DO)与模拟量(AI/AO)，类似 PLC(程序控制器)，有数字输入(DI)、数字输出(DO)、模拟输入(AI)、模拟输出(AO)或标有 DIn、DOut、AIn、AOut 等字样。

(7) 开关电源：为驱动器、控制器、I/O 等提供不同电压与功率的电源。

2.2　工业机器人运动学

2.2.1　机器人运动学正解

对机器人进行运动学分析和轨迹规划研究具有非常重要的意义，是保证机器人精确运动的前提。机器人运动控制的理论基础是运动学分析，通过运动学分析可以确定机器人末端执行器的位置与姿态(简称位姿)。下面以工业现场最为常见的 6 轴关节机器人为例进行机器人运动学的分析。

首先考虑一个简单的 2 自由度的机构，如图 2.7 所示。其中每个连杆都能独立旋转，转动轴位于 O 点与 A 点，都垂直于 XOY 平面，q_1 表示第 1 个连杆相对于参考坐标系 $X+$方向的旋转角度，q_2 表示第 2 个连杆相对于第 1 个连杆 OA 延长线的旋转角度。

按右手螺旋方向，图 2.7(a)中 B 点的坐标可表示为

$$X_b = c_1 \cdot \cos(q_1) + c_2 \cdot \cos(q_1 - q_2)$$
$$Y_b = c_1 \cdot \sin(q_1) + c_2 \cdot \sin(q_1 - q_2)$$

图 2.7(b)中，连接 OB，可计算出 OB 长度和 g_2 角度，再用余弦定理，可求出 g_1、g_3 两个角速度和 q_1、q_2 两个角度。若每一旋转角度都由电机实现，这就是 2 轴的运动机构。这样的机构，如果在 B 点安装了电热笔、激光、喷枪等，就能在二维平面中画常见的几何

图案或写字与画画了。工业中应用的关节机器人一般有 4 到 6 轴，6 轴就是有 6 个伺服电机组成，它的第 1、2、3 轴为实现三维定位，第 4、5、6 轴为实现空间姿态。

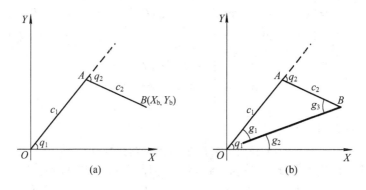

图 2.7　二自由度机构

先不考虑姿态，将上述二段式结构拓展到三维，如图 2.8 所示。

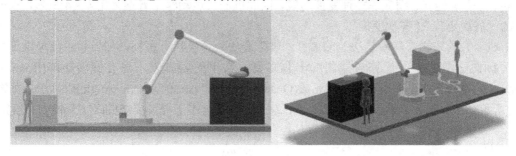

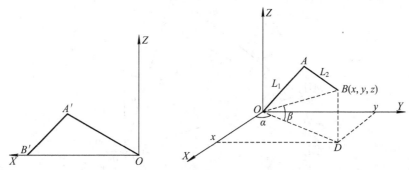

图 2.8　二自由度机构的三维拓展模型

B 点的坐标可以用"轴-角"方式计算获取(用两向量的外积与内积，即绕某轴旋转某一角度一次性实现)，也可以将 XOZ 平面中的 $\triangle OA'B'$ 通过先绕 Y 轴旋转 $-\beta$ 角，再绕 Z 轴旋转 α 角获得。这就构成了关节机器人最简单的数学模型，绕 X、Y、Z 各轴的旋转矩阵(依据右手法则)如下：

$$R_x(\theta) = \begin{bmatrix} 1 & 0 & 0 \\ 0 & \cos\theta & \sin\theta \\ 0 & -\sin\theta & \cos\theta \end{bmatrix} \quad R_y(\theta) = \begin{bmatrix} \cos\theta & 0 & -\sin\theta \\ 0 & 1 & 0 \\ \sin\theta & 0 & \cos\theta \end{bmatrix}$$

$$R_z(\theta) = \begin{bmatrix} \cos\theta & \sin\theta & 0 \\ -\sin\theta & \cos\theta & 0 \\ 0 & 0 & 1 \end{bmatrix}$$

注：公式中新点的坐标为

$$\{x_1,\ y_1,\ z_1\} = \{x_0,\ y_0,\ z_0\} \cdot Rz$$

如果矩阵从左乘改为右乘，只需要将矩阵改为原矩阵的转置即可。

上述 3×3 矩阵可以用来描述旋转、缩放变换，但不能处理移动变换。实际的关节机器人中，由于电机安装与结构安排的限制还需要在某些部位加入若干次平移，4×4 矩阵具备旋转、平移、透视、缩放等多种变换功能，因此机器人运动学中普遍采用 4×4 矩阵，也被称为"齐次矩阵""齐次变换"。

机器人的末端，即安装法兰的部位，常常会安装各类执行机构，如抓手、吸盘、焊枪等，因此法兰的姿态计算与控制就十分必要。常用的姿态表示法有旋转矩阵(Rotation Matrix)、欧拉角(Euler Angle)、四元数(Quaternion)和"轴-角"(Axis-Angle)表示法。如图2.9 所示，在 6 轴关节机器人中，J_4、J_5、J_6 三个轴就是用于控制姿态的(对应 $p[0]p[1]$ 段)。

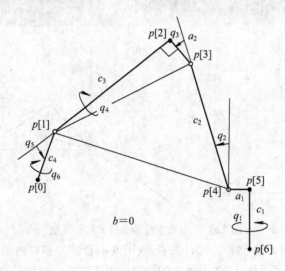

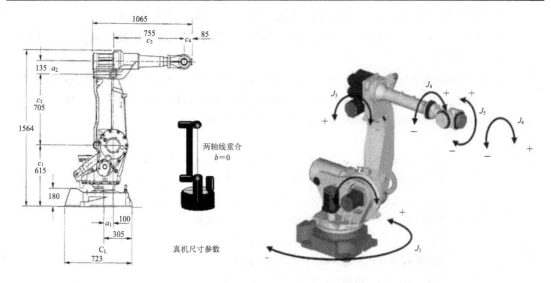

图 2.9　6 轴关节机器人运动学算法图例

　　6 轴关节机器人的运动学正解，是通过机器人硬件参数与 6 轴的旋转角，计算出法兰中心三维坐标与法兰的空间姿态，主要是将每一次平移或旋转变换都用齐次矩阵表示，可从法兰中心开始，将所有矩阵进行乘法运算。

　　下面以 ABB 6 轴关节机器人 IRB-2400(如图 2.10 所示)举例来说明 6 轴关节机器人的运动学正解计算过程。

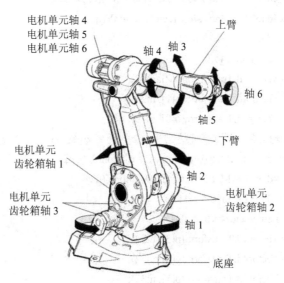

图 2.10　ABB 6 轴关节机器人 IRB-2400

ABB 机器人 IRB-4200 机型的参数、运动学正解、三维动画仿真如下：

(源代码语言为 C#，三维库为 Open Tk，其中部分专用类型库、函数库来自安吉八塔机器人有限公司研发部)

//关节机器人正向解与三维动画仿真，由 6 轴旋转角计算法兰中心坐标与法兰姿态[4×4 矩阵]：

PointPose ForwardSolution(double a1, double a2, double b, double c1, double c2, double c3, double c4, double q1, double q2, double q3, double q4, double q5, double q(6)

```csharp
{
    q1 *= tR; q2 *= tR; q3 *= tR; q4 *= tR; q5 *= tR; q6 *= tR; //角度制转弧度制
    Vector4d[] p = new Vector4d[7];              //为应用齐次变换应声明四维向量的数组
    //第一轮变换,法兰末端中心点沿 X 正方向平移 c4，再经 q6、q5、q4 三次旋转变换
    Matrix4d m10 = Matrix4d.CreateTranslation(c4, 0, 0);
    Matrix4d m12 = Matrix4d.CreateRotationY(q5);
    Matrix4d m13 = Matrix4d.CreateRotationX(q4);
    Matrix4d m14 = m10 * m12 * m13;
    p[0] = new Vector4d(0, 0, 0, 1);             //从法兰中心点开始变换
    p[1] = new Vector4d(0, 0, 0, 1);
    p[0] = Vector4d.Transform(p[0], m14);        //类似：  v4d_2 = v4d_1 * Matrix4
    p[2] = new Vector4d(-c3, 0, 0, 1);
    //第二轮变换,平移(c3, 0, a2),再经 q3 旋转:
    Matrix4d m20 = Matrix4d.CreateTranslation(c3, 0, a2);
    Matrix4d m21 = Matrix4d.CreateRotationY(q3);
    Matrix4d m22 = m20 * m21;
    p[3] = new Vector4d(0, 0, 0, 1);
    p[2] = Vector4d.Transform(p[2], m22);
    p[1] = Vector4d.Transform(p[1], m22);
    p[0] = Vector4d.Transform(p[0], m22);
    //第三轮变换, 沿 Z 轴正方向平移 c2，再经 q2 旋转:
    Matrix4d m30 = Matrix4d.CreateTranslation(0, 0, c2);
    Matrix4d m31 = Matrix4d.CreateRotationY(q2);
    Matrix4d m32 = m30 * m31;
    p[4] = new Vector4d(0, 0, 0, 1);
    p[3] = Vector4d.Transform(p[3], m32);
    p[2] = Vector4d.Transform(p[2], m32);
    p[1] = Vector4d.Transform(p[1], m32);
```

p[0] = Vector4d.Transform(p[0], m32);

//第四轮变换，平移(a_1, b, c_1)，再经 q_1 旋转：

Matrix4d m40 = Matrix4d.CreateTranslation(a1, b, c1);

Matrix4d m41 = Matrix4d.CreateRotationZ(q1);

//m_{41} 等价于：

```
m41 = new Matrix4(
        Math.Cos(q1),    Math.Sin(q1),      0, 0,
        -Math.Sin(q1), Math.Cos(q1),       0, 0,
               0,               0,                 1, 0,
               0,               0,                 0, 1
     );
```

Matrix4d m42 = m40 * m41;

Matrix4d Mpose = m12 * m13 * m21 * m31 * m41;　　//含有法兰的姿态

p[6] = new Vector4d(0, 0, 0, 1);

p[5] = new Vector4d(0, 0, c1, 1);

p[4] = Vector4d.Transform(p[4], m42);

p[3] = Vector4d.Transform(p[3], m42);

p[2] = Vector4d.Transform(p[2], m42);

p[1] = Vector4d.Transform(p[1], m42);

p[0] = Vector4d.Transform(p[0], m42);　　　　　　　　　　//末端的点

//绘制仿真,按 5→4→3→2→1→0 顺序画关节与球：

```
        drawCylinder(new Vector3d(p[0].X, p[0].Y, p[0].Z), new Vector3d(p[1].X, p[1].Y, p[1].Z),
0.02f, "Line", Color.Yellow);
        drawCylinder(new Vector3d(p[1].X, p[1].Y, p[1].Z), new Vector3d(p[2].X, p[2].Y, p[2].Z),
0.03f, "Line", Color.Yellow);
        drawCylinder(new Vector3d(p[3].X, p[3].Y, p[3].Z), new Vector3d(p[2].X, p[2].Y, p[2].Z),
0.02f, "Line", Color.Yellow);
        drawCylinder(new Vector3d(p[3].X, p[3].Y, p[3].Z), new Vector3d(p[4].X, p[4].Y, p[4].Z),
0.03f, "Line", Color.Yellow);

        drawCylinder(new Vector3d(p[4].X, p[4].Y, p[4].Z), new Vector3d(p[5].X, p[5].Y, p[5].Z),
0.02f, "Line", Color.Yellow);
```

//同步旋转：

GL.PushMatrix();

```
        GL.Rotate(tD * q1, 0, 0, 1);
        drawCylinder(new Vector3d(p[5].X, p[5].Y, p[5].Z), new Vector3d(p[6].X, p[6].Y, p[6].Z),
a1, "Line", Color.Yellow);
        GL.PopMatrix();
        drawCylinder(new Vector3d(0, 0, 0), new Vector3d(0, 0, c1 - c1 * .5f), 2f * a1, "Line",
Color.Gray);
        drawCylinder(new Vector3d(0, 0, 0), new Vector3d(0, 0, -0.01f), 4 * a1, "Fill", Color.Gray);
        //注：drawCylinder 是作者的自定义函数,意为画圆柱
        MessageBox.Show("msg");
        PointPose pp = new PointPose();
        pp.P4D=p[0];
        pp.M4D = Mpose;
        return pp;
    }
```

三维效果如图 2.11 所示。

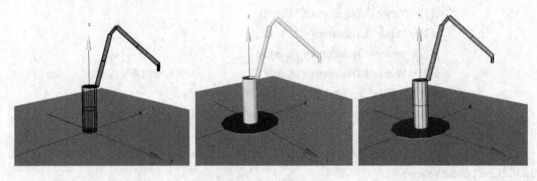

　　(a) 正解三维截图　　　　　(b) 逆解三维截图　　　　(c) 正解与逆解合一的三维截图

图 2.11　IRB-2400 三维动图仿真

2.2.2　机器人运动学逆解

　　运动学逆解是以机器、人硬件参数、法兰中心坐标、法兰姿态为已知条件，推算 6 个电机即 6 轴的旋转角度。法兰的自转常用于工具坐标，所以初步的逆解暂时忽略 j6。几家著名机器人公司对于法兰姿态描述方式也不尽相同，KEBA 和 KUKA 采用欧拉角，卡诺普采用旋转矩阵，ABB 采用四元数，但它们之间是可以互相换算的。

　　运动学逆解一般有两种思路：

(1) 可以从齐次矩阵中通过消元法解得 1～5 轴的角度。

(2) 可以从若干三角形中解得角度，如图 2.12 所示。

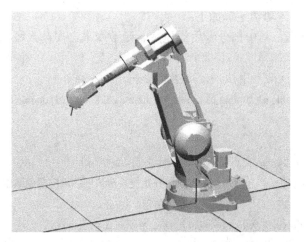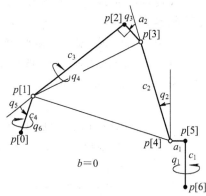

图 2.12　若干三角形求解示意图

从若干三角形中解出逆解的方法：首先取法兰长度 c_4 与姿态解出第 4、5 轴的旋转角和法兰中心的$(dx，dy，dz)$偏移值，再通过法兰中心坐标 $p[0]$、偏移值(dx,dy,dz)计算第 4、5、6 这三轴的交点坐标 $p[1]$，最后通过解 $p[1]p[2]p[3]$、$p[1]p[3]p[4]$ 等三角形计算出第 1、2、3 这三轴的旋转角（当 $b=0$）；当 $b\neq 0$ 时，参考图 2.13 左图(顶视图)可推导出以下计算公式：

$$\varphi = A\tan 2(-bx + y\sqrt{x^2 + y^2 - b^2},\ by + x\sqrt{x^2 + y^2 - b^2})$$

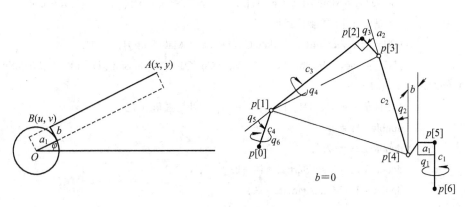

图 2.13　若干三角形求解示意图

其中，B 点的坐标是：

$$u = a_1 \times \cos(\varphi) - b \times \sin(\varphi); \quad v = a_1 \times \sin(\varphi) + b \times \cos(\varphi)$$

ABB 机器人 IRB-4200 机型的参数、运动学逆解如下：

（源代码语言为 C#，三维库为 OpenTk，其中部分专用类型库、函数库来自安吉八塔机器人有限公司研发部）

```
//关节机器人逆向解与三维动画仿真，由法兰中心坐标与法兰姿态计算6轴旋转角：
sixAngle InverseSolution(double a1, double a2, double b, double c1, double c2, double c3, double c4,
Vector4d p0, Matrix4d mPose)
        {
//一，计算出法兰中心相对于 J₄、J₅、J₆ 交点处的偏移：
        Vector4d[] p = new Vector4d[7];              //为应用齐次变换应声明四维向量的数组
        p[0] =p0;                                    //取自正解值
        Vector4d pC4 = new Vector4d(c4, 0, 0, 1);    //起先,法兰是朝向 X 轴正方向的
        Vector4d dlt = Vector4d.Transform(pC4, mPose);//计算出法兰中心相对于 J₄、J₅、J₆ 交点
                                                     //处的偏移
        p[1] = p[0] - dlt;           //J₄、J₅、J₆ 交点处的坐标
        Vector4d vx1 = Vector4d.Transform(new Vector4d(1, 0, 0, 1), mPose);
//二，分割成若干三角形，先计算 Q₁、Q₂、Q₃：
//因为 b=0：
        double Q1 = Math.Atan2(p[1].Y, p[1].X);
        double sqrt = Math.Sqrt(p[1].X* p[1].X+p[1].Y* p[1].Y-b*b);
        double Q1 = Math.Atan2(-b*p[1].X   +   p[1].Y*sqrt, b*p[1].Y + p[1].X*sqrt);
//于是，p[4]点的坐标就是：
        p[4] = new Vector4d(a1 * Math.Cos(Q1), a1 * Math.Sin(Q1), c1, 1);
        p[4] = new Vector4d(a1 * Math.Cos(Q1)-b*Math.Sin(Q1), a1 * Math.Sin(Q1)+
b*Math.Cos(Q1), c1, 1);
//在直角三角形 p[1]、p[2]、p[3]中，p[2]处是直角,于是：
        double L12 = c3;
        double L23 = a2;
        double L13 = Math.Sqrt(a2 * a2 + c3 * c3);
        double A1 = Math.Atan2(a2, c3);
        double A2 = Math.Atan2(c3, a2);
        double dx = p[1].X - p[4].X; double dy = p[1].Y - p[4].Y; double dz = p[1].Z - p[4].Z;
```

//$p[1]p[4]$的长度是：

double L14 = Math.Sqrt(dx * dx + dy * dy + dz * dz);

//由余弦定理可计算 $p[1]p[3]p[4]$三个内角：

//三边之长是：L_{13}, c_2, L_{14}，对应三个角命名为：B1,B2,B3

double B1 = Math.Acos((c2 * c2 + L14 * L14 - L13 * L13) / (2.0 * c2 * L14));

double B2 = Math.Acos((L13 * L13 + L14 * L14 - c2 * c2) / (2.0 * L13 * L14));

double B3 = Math.Acos((c2 * c2 + L13 * L13 - L14 * L14) / (2.0 * c2 * L13));

//再计算出 $p[4]p[1]$向量绕 Y 轴的仰角 C_3：

double r3 = Math.Sqrt(dx * dx + dy * dy);

double c3 = Math.Atan2(dz, r3);

//于是可得到：

double Q2 = PI / 2.0 - (B1 + C3);

double Q3 = PI - A2 - B3;

//三,计算 $q4, q5, q6$：

//考虑经 Q_3、Q_2、Q_1 三次旋转的总变换 Mx：

Matrix4d m2 = Matrix4d.CreateRotationY(-Q2-Q3);　　　　　//绕 Y 轴旋转的齐次矩阵

Matrix4d m1 = Matrix4d.CreateRotationZ(-Q1);　　　　　　//绕 Z 轴旋转的齐次矩阵

Matrix4d Mx = mPose *m1 * m2 ;　　　　　　　　　　　//用三次旋转的反向推算

Vector4d vx3 = Vector4d.Transform(new Vector4d(1, 0, 0, 1), Mx);　　//将向量乘以矩阵

//Q_1、Q_2、Q_3 换算成角度制：

double g1 = Q1 * tD;

double g2 = Q2 * tD;

double g3 = Q3 * tD;

//用 vx3 解出 g_4、g_5 并且换算成角度制：

double g4 = tD * Math.Atan2(vx3.Y, -vx3.Z);

double g5 = tD * Math.Atan2(Math.Sqrt(vx3.Z *vx3.Z　+vx3.Y *vx3.Y), vx3.X);

//为再现各关节还原 $p[3]$、$p[2]$的坐标：

Matrix4d mt0 = Matrix4d.CreateTranslation(0, 0, a2);

Matrix4d mt1 = Matrix4d.CreateRotationY(Q3);

Matrix4d mt2 = mt0 * mt1;

p[2] = new Vector4d(0, 0, 0, 1);

p[2] = Vector4d.Transform(p[2], mt2);

Matrix4d mt10 = Matrix4d.CreateTranslation(0, b, c2);

```
Matrix4d mt11 = Matrix4d.CreateRotationY(Q2);
Matrix4d mt12 = mt10 * mt11;
 p[3] = new Vector4d(0, 0, 0, 1);
 p[3] = Vector4d.Transform(p[3], mt12);
 p[2] = Vector4d.Transform(p[2], mt12);
Matrix4d mt20 = Matrix4d.CreateTranslation(a1, 0, c1);
Matrix4d mt21 = Matrix4d.CreateRotationZ(Q1);
Matrix4d mt22 = mt20 * mt21;
 p[3] = Vector4d.Transform(p[3], mt22);
 p[2] = Vector4d.Transform(p[2], mt22);
 p[5] = new Vector4d(0, 0, c1, 1);
 p[6] = new Vector4d(0, 0, 0, 1);
//再现各关节:
drawCylinder(new Vector3d(p[0].X, p[0].Y, p[0].Z), new Vector3d(p[1].X, p[1].Y, p[1].Z),
0.019f, "Fill", Color.Black);
drawCylinder(new Vector3d(p[1].X, p[1].Y, p[1].Z), new Vector3d(p[2].X, p[2].Y, p[2].Z),
0.029f, "Fill", Color.Black);
drawCylinder(new Vector3d(p[2].X, p[2].Y, p[2].Z), new Vector3d(p[3].X, p[3].Y, p[3].Z),
0.019f, "Fill", Color.Black);
drawCylinder(new Vector3d(p[3].X, p[3].Y, p[3].Z), new Vector3d(p[4].X, p[4].Y, p[4].Z),
0.029f, "Fill", Color.Black);
drawCylinder(new Vector3d(p[4].X, p[4].Y, p[4].Z), new Vector3d(p[5].X, p[5].Y, p[5].Z),
0.019f, "Fill", Color.Black);
drawCylinder(new Vector3d(p[5].X, p[5].Y, p[5].Z), new Vector3d(p[6].X, p[6].Y, p[6].Z),
a1 - 0.001f, "Fill", Color.Black);
sixAngle sa = new sixAngle();
sa.q1 = g1;sa.q2 = g2;sa.q3 = g3; sa.q4 = g4;sa.q5 = g5;sa.q6 = 0;
return sa;
MessageBox.Show("msg");
}
```

2.2.3　STL 三维建模的关节机器人运动学正解与逆解

用三维的圆柱与圆锥等几何元件虽然可以做关节机器人的运动学仿真，但相对于机械结构的理解是不同的，实际的机械结构大多要考虑制造、装配、力学等诸多因素。对机械结构的实验最好借助 STL 三维建模，逐关节研究机器人的运动规律。假如我们已经绘制好各部件的三维 STL 文件，如表 2.1 所示。

表 2.1　各部件的三维 STL 文件

STL 编号	文件名称	文件功能
0	"Base.stl"	底盘部件
1	"Axis1.stl"	第一轴部件
2	"Axis2.stl"	第二轴部件
3	"Axis3.stl"	第三轴部件
4	"Axis4.stl"	第四轴部件
5	"Axis5.stl"	第五轴部件
6	"Axis6A.stl"	抓手部件，松开
7	"Axis6BA.stl"	抓手部件，夹紧

　　本书的 STL 全部是由 Rhinoceros 三维建模，部分效果如图 2.14 所示，Base.stl 安装在 Axis1.stl 下面。

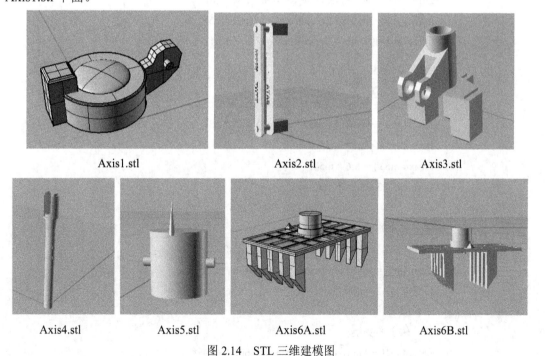

图 2.14　STL 三维建模图

可通过三维的平移与旋转组装成关节机器人各 STL 部件，并进行运动实验，正解主函数代码如下(编程语言：C#，三维库：OpenTK)：

```
//正向解，传入 6 个轴的旋转角(角度制)，计算位姿，并重绘机器人：
public   xyzABC   getXYZABC(float q1, float q2, float q3, float q4, float q5, float q6)
{
    //float toD = 180 / 3.14159265f;                //弧度转角度
    //float toR = 3.14159265f / 180.0f;             //角度转弧度
    float a = 10, b = 3.5f, c1 = 10, c2 = 20, c3 = 20, c4=5; //硬件尺度各参数


    //一，从工具末端开始，根据各关节旋转角与尺度生成旋转矩阵与平移矩阵系列


    //工具头，笔尖坐标(相对于 J4, J5, J6 交点)
    Vector4 Tool0 = new Vector4(0, 0, c4, 1);


    //确定姿态的三个轴
    Matrix4 m6 = Matrix4.CreateRotationZ(toR * q6);
    Matrix4 m5 = Matrix4.CreateRotationY(toR * q5);
    Matrix4 m4 = Matrix4.CreateRotationZ(toR * q4);


    //第三轴上的变换
    Matrix4 m3t = Matrix4.CreateTranslation(-b, 0, c3);
    Matrix4 m3 = Matrix4.CreateRotationY(toR * q3);
    Matrix4 m54 = m5 * m4;
    Matrix4 m654 = m6 * m54;
    Matrix4 m3t3 = m3t * m3;


    //第二轴上的变换
    Matrix4 m2t = Matrix4.CreateTranslation(0, 0, c2);
    Matrix4 m2 = Matrix4.CreateRotationY(toR * q2);
    Matrix4 m2t2 = m2t * m2;


    //第一轴上的变换
    Matrix4 m1t = Matrix4.CreateTranslation(a, 0, c1);
```

```
Matrix4 m1 = Matrix4.CreateRotationZ(toR * q1);
Matrix4 m1t1 = m1t * m1;


//二，计算工具头末端的三维坐标
Tool0 = Vector4.Transform(Tool0, m654 * m3t3 * m2t2 * m1t1);


//三，根据各旋转矩阵与平移矩阵绘制各三维对象(即 SLT 三维文件)
GL.PushMatrix();
GL.MultMatrix(ref m1t1);
{
    GL.PushMatrix();
    GL.MultMatrix(ref m2t2);
    {
        GL.PushMatrix();
        GL.MultMatrix(ref m3t3);
        {
            //装配 STL6
            GL.PushMatrix();
            GL.MultMatrix(ref m654);
            if (!W3D.DD.Hold) dwStl(6);                //工具头，松开
            if (W3D.DD.Hold)
            {
                dwStl(7);                              //工具头,抓住
                dwRect(new Vector3(0, 0, 3f), 1.7f);   //附属物
                dwRect(new Vector3(0, 0, 3.5f), 1.7f); //附属物
                dwRect(new Vector3(0, 0, 4f), 1.7f);   //附属物
            }
            GL.PopMatrix();

            //装配 STL5
            GL.PushMatrix();
            GL.MultMatrix(ref m54);
            dwStl(5);
```

```
            GL.PopMatrix();

            //装配 STL4
            GL.PushMatrix();
            GL.MultMatrix(ref m4);
            GL.Translate(0, 0, -c3);
            dwStl(4);
            GL.PopMatrix();
        }
        GL.PopMatrix();

        //装配 STL3
        GL.PushMatrix();
        GL.MultMatrix(ref m3);
        dwStl(3);
        GL.PopMatrix();
    }
    GL.PopMatrix();

    //装配 STL2
    GL.PushMatrix();
    GL.MultMatrix(ref m2);
    dwStl(2);
    GL.PopMatrix();
}
GL.PopMatrix();

//装配 STL1
GL.PushMatrix();
GL.MultMatrix(ref m1);
dwStl(1);
GL.PopMatrix();
```

```
//装配 STL_Base:
GL.PushMatrix();
//GL.MultMatrix(ref m1);
dwStl(0);
GL.PopMatrix();


xyzABC xa=new xyzABC ();   //创建位姿类实例
xa.x = Tool0.X; xa.y = Tool0.Y; xa.z = Tool0.Z;


//四，对姿态进行变换(当法兰朝下,或朝上时最简单)
xa.a =    q4;//A
xa.b = q2+q3+q5;//B
//C:
if (xa.b > 90) xa.c = (float)q6 - q1;
if (xa.b < 90) xa.c = (float)q6 + q1;
if (xa.b == 90) xa.c = (float)q6;


return xa;
     }
```

逆解也是通过解若干个斜三角形与处理姿态对工具末端的偏移来解决的,逆解主函数代码如下(编程语言：C#；三维库：OpenTK)：

```
//逆向解,通过位置(x,y,z)与姿态(a,b,c)[角度制],返回 6 个轴的旋转角(角度制):
public sixAngle getSixAngle()
     {
        //float toD = 180 / 3.14159265f;                    //弧度转角度
        //float toR = 3.14159265f / 180.0f;                 //角度转弧度
        float a = 10, b = 3.5f, c1 = 10, c2 = 20, c3 = 20, c4 = 5;    //硬件尺度各参数


        //一,计算工具头尖端点相对于 J4、J5、J6 交点的偏移坐标


        //工具头,尖端点坐标(相对于 J4、J5、J6 交点)
        Vector4 Tool0 = new Vector4(0, 0, c4, 1);
```

```
float q4 = W3D.DD.a;          //姿态角 A
float q5 = W3D.DD.b;          //姿态角 B
float q6 = W3D.DD.c;          //姿态角 C

//计算姿态矩阵
Matrix4 m6 = Matrix4.CreateRotationZ(toR * q6);
Matrix4 m5 = Matrix4.CreateRotationY(toR * q5);
Matrix4 m4 = Matrix4.CreateRotationZ(toR * q4);
Matrix4 m654 = m6 * m5 * m4;

//逆解所需:计算工具头末端相对于 J4、J5、J6 交点的偏移量
Vector4 dltTool0 = Vector4.Transform(Tool0, m654);

float x5 = W3D.DD.x - dltTool0.X;        //第一轴,X
float y5 = W3D.DD.y - dltTool0.Y;        //第二轴,Y
float z5 = W3D.DD.z - dltTool0.Z;        //第三轴,Z

//二,解若干斜三角形,以求出 q1、q2、q3
float j1 = (float)Math.Atan2(y5, x5);
float OF = (float)Math.Sqrt(y5 * y5 + x5 * x5);
float QE = OF - a; float CE = z5 - c1;
float fy = (float)Math.Atan2(CE, QE);
float BC = (float)Math.Sqrt(b * b + c3 * c3);
float QC = (float)Math.Sqrt(CE * CE + QE * QE);

//由余弦定理可计算三个内角
//三边之长是:BC,c2,QC,对应三个角命名为:gm,af,bt
double gm = Math.Acos((c2 * c2 + QC * QC - BC * BC) / (2.0 * c2 * QC));
double af = Math.Acos((BC * BC + QC * QC - c2 * c2) / (2.0 * BC * QC));
double bt = Math.Acos((c2 * c2 + BC * BC - QC * QC) / (2.0 * c2 * BC));
//三角形有效性判断(略)
float ct = (float)Math.Atan2(c3, b);
float j2 = (float)(PI / 2f - (fy + gm));
```

```
float j3 = (float)(2 * PI - (PI / 2f + bt + ct));

float q1 = j1 * toD; float q2 = j2 * toD; float q3 = j3 * toD;

sixAngle sa = new sixAngle();
sa.q1 = q1; sa.q2 = q2; sa.q3 = q3;

//三,为保持姿态，变换 q₅、q₆(当法兰朝下，或朝上时最简单)
q5 -= (q2 + q3);
if (W3D.DD.b < 90) q6 -= q1;
if (W3D.DD.b > 90) q6 += q1;
sa.q4 = q4; sa.q5 = q5; sa.q6 = q6;
//四,返回 6 个轴的旋转角(角度制)
return sa;

    }
```

整体效果如图 2.15 所示。

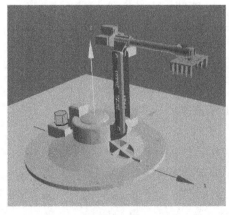 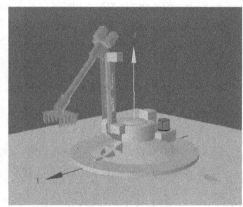

图 2.15　STL 建模关节机器人整体效果

2.2.4　机器人运动编程控制一：示教器编程

示教器编程的应用非常广泛，也是最简单的编程,主要通过对工具末端的坐标点，工具的姿态进行逐一添加指令的方式进行编程，实时性与可见性强，用得最多的指令是 MoveL、MoveJ、MoveC 以及读写数字输入与输出(DI/DO)。表 2.2 列出了 ABB 机器人的部分指令与程序。

表 2.2　ABB 机器人的部分指令与程序

ABB 机器人指令	功 能 说 明
MoveC	TCP 圆弧运动
MoveJ	关节运动
MoveL	TCP 线性运动
MoveAbsJ	轴绝对角度位置运动
MoveExtJ	外部直线轴和旋转轴运动
MoveCDO	TCP 圆弧运动的同时触发一个输出信号
MoveJDO	关节运动的同时触发一个输出信号
MoveLDO	TCP 线性运动的同时触发一个输出信号
MoveCSync	TCP 圆弧运动的同时执行一个例行程序
MoveJSync	关节运动的同时执行一个例行程序
MoveLSync	TCP 线性运动的同时执行一个例行程序

ABB 机器人程序片断：

```
    PERS pos p3dShw:=[1577.08,-0.0435648,1104.79];    !  Show Current  Position
    PERS pos p3dCur:=[1202,34,1500];    !  Current  Position
    PERS pos p3dFwd:=[1521,6,1000];    !  forword  Position
    PERS orient rot:=[0.707107,0.707107,0,0];    ! pc to p0 pose


    PERS    confdata CD:=[1,0,0,0];    ! conf data ,as : cf1,cf4,cf6,cfx
    PERS    extjoint EJ:=[9E+9,9E+9,9E+9,9E+9,9E+9,9E+9];    ! ext jiont


    PERS    robtarget rt;    ! as [p3dCur,rot,CD,EJ];  ! robot Target
    VAR    robtarget p00:= [[1600,0,1600],[0,0,1,0],CD,EJ]; ! robot Target


    PERS pose psArr{5}; ! pos+rot
    PERS    extjoint CF{36}; ! 6d Array
    PERS num procNum:=3;! Num of Programe:   as : 0,1,2,3,4
    VAR num k;


    !@@@@@@@@@@@@@@@@@    ABB 主程序    @@@@@@@@@@@@@@@@@@@@
    PROC main()
```

```
        MoveL p00,vmax,z0,tool0;
        CallByVar "proc",procNum;
        MoveL p00,vmax,z0,tool0;
    ENDPROC
```

以下是浙江钱江机器人(成都 CRP 控制器)程序片断：

1. DOUT M#(501)=OFF　　//:程序开始，复位安全程序中间继电器的调用
2. MOVJ VJ=50.0 PL=0
3. MOVJ VJ=20.0 PL=0
4. DOUT M#(500)=ON　　　//:当机器人运行到工作区域时，M500 有效，安全回退检查有效
5. MOVL VL=200.0 PL=0
6. MOVL VL=200.0 PL=0
7. DOUT Y#(0)=ON　　　//:工作区域轨迹
8. TIME T=500
9. MOVL VL=100.0 PL=0
10. MOVL VL=100.0 PL=0
11. DOUT M#(500)=OFF　　//:关闭安全回退检查，程序正常运行。
12. MOVJ VJ=20.0 PL=0

各类机器人的示教编程大同小异，指令集规模有大有小，功能与效率也各有千秋。

2.2.5　机器人运动编程控制二：离线编程

随着个性化生产的需求扩大，产品的大小、形状、位置、型号都不能确定，无法使用已经示教的固定程序，这就要依靠离线编程来实现。离线编程大多配合二维或三维的视觉，所以都十分注重相机与光源的选择，图 2.16 所示为本教材研发项目时采用的相机，图 2.17 为实验对象。

图 2.16　kinect 深度相机

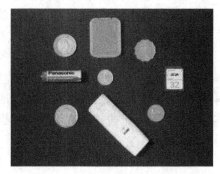

图 2.17　视觉识别各物体

　　各种规格的工业级 RGB 相机、灰度相机、红外相机、深度相机在不同的应用中大显身手，还有光源设备、打光艺术也很重要。只有运用好相机与打光，视觉处理才具备了必备的条件。视觉处理效果如图 2.18 和图 2.19 所示。

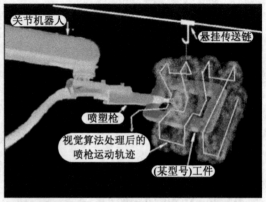

图 2.18　三维视觉的深度图像　　　　　图 2.19　使用三维视觉的自动喷塑

　　离线编程常常配备工控机(工业电脑)，以视觉与算法为主要手段，通过人工智能(AI)，配合接口和高速通信，自动生成机器人运动的动态程序，以完成特定作业，简单场合中就可以通过视觉识别、调用若干个子程序工作。

　　目前，主流相机厂商都开发了视觉产品，用于提取产品的轮廓、大小、位置等数据，有的能识别圆形、矩形等简单二维图形。但是，大量的工业现场与工艺是复杂多样的，如多种型号三维产品的喷涂、乱序分拣、茶叶的采摘、服装的缝纫、废品的分类、产品零部件的组装等，都需要强大的算法支持与人工智能的配合。

　　与视觉联合的离线编程处理过程一般如图 2.20 所示。

　　在离线编程中，相机的标定、坐标系的变换是基础性工作，视觉算法处理是关键，常常会用到轮廓、连通域的分析，也会对各角点(关键点)进行分析处理，或对直线、曲线、曲面进行深入分析处理，目前二维的大多都用开源库 OpenCV，也有一些专门的软件能做某些特定的处理。如果库中没有对应的功能就得由软件工程师视具体工艺要求建构算法和编写程序。在匹配与识别中，需要高速地对库中各模板进行最小二乘或相关性的计算，视具体情况也会引用一些神经网络算法和机器学习算法，5G、6G 条件下，传输速度快，也可与云数据互动。

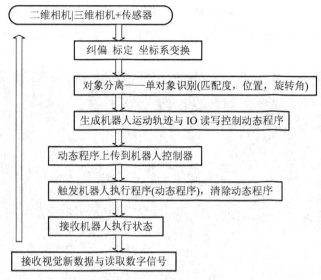

图 2.20　离线编程运行框架

2.2.6　插值与插补

在机器人的示教编程中，往往输入的是一系列的离散位姿，有些点是需要精确到位的，另一些点可以是近似地平滑通过的，近似地平滑通过也有利于高速运行，没有卡顿现象。

如图 2.21 和图 2.22 所示的插补示意图，A、B、C、D、E、F 各点是精确到达，G、H 这两点是示教位置，但是设置了平滑参数的选项，机器人运动中走的是平滑曲线，没有卡顿利于高速运行。I、J、K、L、M、N 各点也是精确到达。

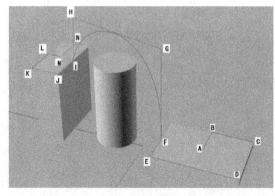

图 2.21　平滑与精确的混合运动线路

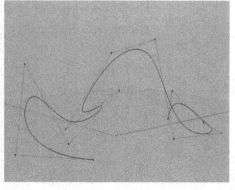

图 2.22　三维的插值

大多数机器人都具有三维的位置插值与姿态的插值，插值的数学算法主要有拉格朗日插值、牛顿插值法、埃尔米特插值和三次样条插值。由于高次的大规模运算效率问题，所以大多采用分段插值以降低运算量。如图 2.23 所示为三维的分段贝塞尔(Bezier)插值的算法。

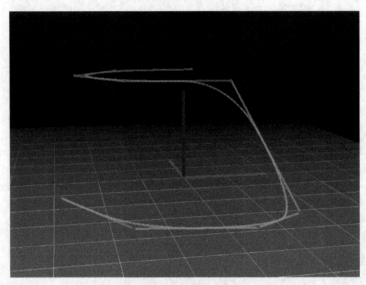

图 2.23　三维的分段插值

三维的分段贝塞尔(Bezier)插值的算法与代码如下(用 C-Sharp 语言编写)：

```
//折线转光滑的贝塞尔曲线(Bezier)曲线
private void button11_Click(object sender, EventArgs e)
{
        List<PT> pa = new List<PT>();           //三维点
        List<PT> pb = new List<PT>();           //插入中点后的点集

        //pt复制到pa
        for (int i = 0; i < pt1.Count; i++)
        {
            pa.Add(pt1[i]);
        }
        pt2.Clear(); //清空pt2

        //插入中点集
        pb.Add(new PT(pa[0].x, pa[0].y, pa[0].z));
```

```
for (int i = 0; i < pa.Count - 1; i++)
{
    pb.Add(new PT((pa[i].x + pa[i + 1].x) / 2, (pa[i].y + pa[i + 1].y) / 2, (pa[i].z + pa[i + 1].z) / 2));
    pb.Add(new PT(pa[i + 1].x, pa[i + 1].y, pa[i + 1].z));
}


//前段，直线插值
for (double s = 0; s < 1; s += 0.05)
{
    double cx = pb[0].x + s * (pb[1].x - pb[0].x);
    double cy = pb[0].y + s * (pb[1].y - pb[0].y);
    double cz = pb[0].z + s * (pb[1].z - pb[0].z);
    pt2.Add(new PT(cx, cy, cz));
}


//光滑曲线
double fv=1/(double)hScrollBar2.Value;
for (int i = 1; i < pb.Count - 2; i += 2)
{
    for (double s = 0; s < 1; s +=fv )
    {
        double xx = (1 - s) * (1 - s) * pb[i].x + 2 * s * (1 - s) * pb[i + 1].x + s * s * pb[i + 2].x;
        double yy = (1 - s) * (1 - s) * pb[i].y + 2 * s * (1 - s) * pb[i + 1].y + s * s * pb[i + 2].y;
        double zz = (1 - s) * (1 - s) * pb[i].z + 2 * s * (1 - s) * pb[i + 1].z + s * s * pb[i + 2].z;
        pt2.Add(new PT(xx, yy, zz));
    }
}


//后段，直线插值
for (double s = 0; s < 1; s += 0.05)
{
    double cx = pb[pb.Count - 2].x + s * (pb[pb.Count - 1].x - pb[pb.Count - 2].x);
    double cy = pb[pb.Count - 2].y + s * (pb[pb.Count - 1].y - pb[pb.Count - 2].y);
```

```
    double cz = pb[pb.Count - 2].z + s * (pb[pb.Count - 1].z - pb[pb.Count - 2].z);
    pt2.Add(new PT(cx, cy, cz));
}

this.Text = "Bezier点集数目:" + pt2.Count();
pictureBox1.Invalidate();
}
```

要使机械手的末端在空间走线段或曲线，必须学习多电机运动的插补，类似于微分，对时间进行细分，每一时间单位发给不同电机以不同的脉冲和方向。控制电机的旋转主要是速度、加速度以及持续时间，本质是脉冲宽度、频率、脉冲数量，它们决定了电机是什么速度旋转多少角度，两电机匀速的插补如图 2.24 所示，格子数代表接收的脉冲数量。

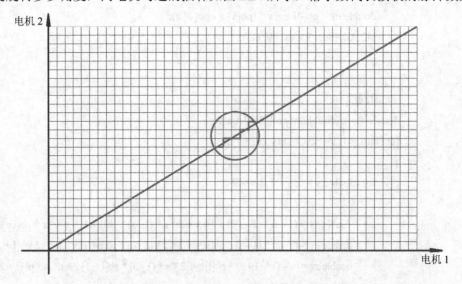

图 2.24　二电机匀速插补接收脉冲数量示意图

由于脉冲是驱动器控制电机的最小能量单位，如图 2.24 圆圈中所示，电机接收到的不是斜线上的连续值，而是阶梯式那条折线中的脉冲整数值，匀速运动的数学模型就是如此。但是，机器人在高速运动过程中，各电机的旋转角与加速度、减速度是瞬息万变的，要在极短的时间内计算出各电机的脉冲与频率并发到各电机以保证执行，这对控制器与伺服驱动器的设计制造就提出了很高的要求，所以控制器、驱动器、电机成为机器人发展的核心技术。

如图 2.25 所示为三电机变速插补接收脉冲数量示意图，从图中可以看出在 100 μs 中，三个电机的同步地旋转，以不同旋转角度同时到达新的位置(X_i, Y_i, Z_i)，各自的加速度、

减速度也不同，折线下方的积分是接收脉冲的总数量，表达了旋转量。一般的机器人通信
(控制器-驱动器)每发一轮指令约在 4 μs～4 ms 水准，并有编码器反馈执行的结果，可确保
所发脉冲的执行成功，从而保证目标位置与姿态的精确度。

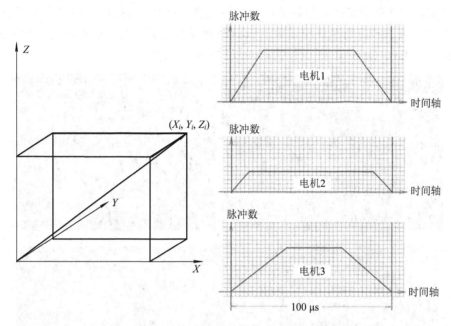

图 2.25　三电机变速插补接收脉冲数量示意图

　　实践插补与插值的方法，一是应用 PLC 控制步进电机，二是通过用单片机开发板控制
电机。两个电机，或是用丝杆(见图 2.1(a))，或是用连杆(见图 2.1(c))，都可以实现二维曲线
的绘制，读者可创设条件去尝试画圆、正弦波、螺旋线、模仿手写汉字等，不具备硬件条
件的，可尝试设计仿真软件来实现，简单的编程可从 HTML+javaScript、Flash+AS 入手，
专业的自动化控制道路可从 C、C++、C#等入手。

　　三个电机就可以绘制出空间曲线、3D 打印、3D 雕刻。总之，插补与插值要通过理论
与实际相结合的实践，才能获得有益的经验。

2.2.7　机器人运动控制拓展

　　实际应用中，由于机械结构的限制，很多位置与姿态是到不了的，都得设置限位，还
要注意在 180 度、90 度时形成的奇异点，方程会存在无解或无穷多解，这种需要做特殊的
处理，可以加上微小偏移值以避开奇异点。

　　末端位移与各轴转动角，线速度与轴的旋转速度以及线加速度与轴的旋转加速度等计
算，参见雅可比(Jacobian)矩阵与海森(Hessian)矩阵。雅可比(Jacobian)矩阵是一阶偏导的矩

阵，常用于处理速度，海森(Hessian)矩阵是二阶偏导的矩阵，常用于处理加速度。这些矩阵在力学控制、驱动电路设计中会被用到。

　　有了以上的算法和程序基础，就可以通过编程，做出关节机器人、四肢动物、昆虫群等仿真动画，对运动学正解与逆解进行测试与探索，若加上云数据互动与人工智能，结合电动、气动、液压等就能制作出精美的机器动物或人形机器人。如作者在 H5+WebGL、C#+OpenTK、Java+OpenGL 所创作的动画截图如图 2.26 所示。

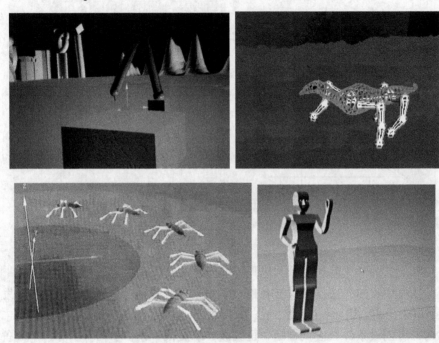

图 2.26　机器人运动学正解逆解三维动画仿真

第3章　S7-200 PLC 伺服运动控制

3.1　运动控制器与驱动器

　　运动控制器是运动控制系统的核心，可以使用专用控制器，但一般都是采用具有通信能力的智能装置，如工业控制计算机(IPC)或可编程逻辑控制器(PLC)等。PLC 运动控制系统采用 PLC 作为运动控制器，驱动器为变频器、伺服电机驱动器、步进电机驱动器等。

3.2　西门子 S7-200 PLC 运动控制实验装置

　　本章的全部案例都是在如图 3.1 所示的运动控制实验装置上实现的。

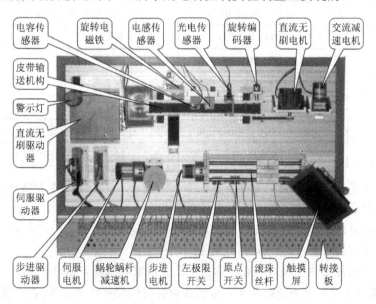

图 3.1　运动控制实验装置

图 3.1 所示的运动控制实验装置采用的硬件均为自动控制领域常用实际部件的实物，由交流伺服电机及驱动单元、步进电机及驱动单元、直流无刷电机及驱动单元、交流电机及变频调速单元、触摸屏单元、PLC 及 A/D D/A 单元、传感器及旋转编码器单元、皮带输送单元、滚珠丝杠单元、蜗轮蜗杆单元、支架、机械零部件构成。本章案例所涉及的部分设备清单如表 3.1 所示。

表 3.1　运动控制实验装置部件清单

名　称	型号规格	说　明
PLC 主机	西门子 CPU224XP DC/DC/DC	控制器
触摸屏	西门子 SMART700 IE	工业以太网通信
伺服电机	欧姆龙 R88M-G20030H-S2-Z	圆盘精确旋转运动
伺服驱动器	欧姆龙 R88D-GT02H-Z	圆盘精确旋转运动
蜗轮蜗杆减速机	NMRV025 减速比 1∶30	圆盘精确旋转运动
步进电机	57J09	额定电流 2.8 A，步距角 1.8°
步进驱动器	M542	步进定位直线运动
限位开关	V-155-1C25	滚珠丝杆限位
交流减速电机	92BL(1)A20-15H	用于驱动皮带输送单元
变频器	西门子 MM420	三相输入，功率为 0.75 kW
光电传感器	SB03-1K	用于检测工件的有无
电感传感器	LE4-1K	用于检测金属工件
电容传感器	CLG5-1K	用于检测非金属工件
旋转电磁铁	RSX50L65-24V/26Ω	用于完成工件的分类
旋转编码器	ZSP3004-0001E-200B-5-24C	用于检测皮带的移动距离、电机转速等
警示灯	JD501	有黄、绿、红三种颜色，同于指示各种状态

依据图 3.1 所示的运动控制实验装置，本书中设计了 4 个运动控制案例，分别是：

(1) 自动输送分拣线：PLC 与变频器的运动控制；

(2) 直线往复运动工作台：PLC 与步进电机的运动控制；

(3) 精确定位转盘：PLC 与伺服电机的运动控制；

(4) 工件传送加工生产线：PLC、步进电机、伺服电机综合运动控制。

通过下文对 4 个案例的详细介绍，希望读者能够快速掌握 PLC 运动控制系统的基本设计结构与软硬件设计方法，了解常见的运动控制元器件的使用方法。

3.3　案例 1：自动输送分拣线

3.3.1　西门子 MM420 变频器使用说明

1. MM420 变频器的电气连接

以西门子 MM420 变频器为例，介绍变频器使用的电气连接方法，其他公司或其他型号的变频器的电气连接与此相似。

(1) 操作面板和盖板的拆装。如图 3.2 所示，对变频器的操作面板和盖板进行拆装。

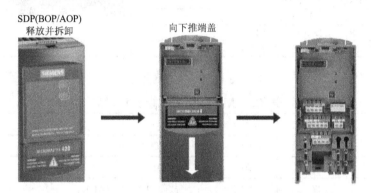

图 3.2　变频器拆装示意图

(2) 功率接线端子，如图 3.3 所示。

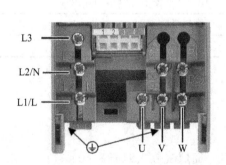

图 3.3　变频器功率接线端子

(3) 控制端子，如图 3.4 所示。

(4) 数字输入和模拟输入默认设置，见表 3.2。

端子号	标识	功　　能
1	—	输出+10 V
2	—	输出0 V
3	ADC+	模拟输入(+)
4	ADC−	模拟输入(−)
5	DIN1	数字输入1
6	DIN2	数字输入2
7	DIN3	数字输入3
8	—	带电位隔离的输出+24 V/最大。100 mA
9	—	带电位隔离的输出0 V/最大。100 mA
10	RL1-B	数字输出/NO(常开)触头
11	RL1-C	数字输出/切换触头
12	DAC+	模拟输出(+)
13	DAC−	模拟输出(−)
14	P+	RS485串行接口
15	N−	RS485串行接口

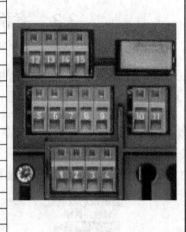

图 3.4　变频器控制端子

表 3.2　MM420 输入端默认设置

输入/输出	端子号	参数数值	功　　能
数字输入1	5	P0701 = 1	ON/OFF1(I/O)
数字输入2	6	P0702 = 12	反向(⌒)
数字输入3	7	P0703 = 9	故障复位　　(ACK)
数字输出	8		+24 V 数字控制电源输出
模拟输入/输出	3/4	P0700 = 2	频率设定值
	1/2		+10 V/0 V 模拟控制电源输出
继电器输出接点	10/11	P0731 = 52.3	变频器故障识别
模拟输出	12/13	P0771 = 21	输出频率

2. 变频器复位的方式

利用 P0010 和 P0970 将变频器复位为出厂时的缺省设定值:

(1) 设定 P0010 = 30(出厂设置);

(2) 设定 P0970 = 1。

变频器将把所有参数自动复位成缺省设置,完成复位大约需要 60 s。

3. MM420 变频器的多种控制方式

1) 控制方式一

通过 BOP 控制三相交流异步电机。

设置变频器的参数 P1000=1，即输出频率由 BOP 的按钮设定。通过手动操作基本操作面板 BOP 控制变频器，实现电机启动、停止、换向、调速等功能。

(1) 设置变频器参数。

利用快速调试方式设置变频器的参数，如图 3.5 所示。图中框选参数为本实训的实际设置参数。

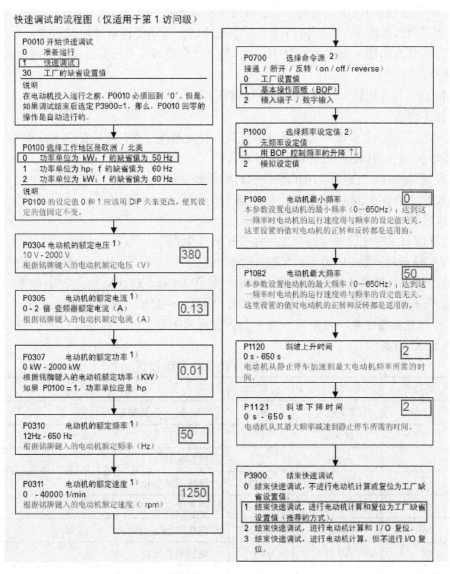

图 3.5　设置变频器参数的流程图

(2) 连接电气回路。

① 三相交流电源接入变频器的 L1、L2、L3 端子，连接好地线 PE；

② 变频器的 U、V、W 端子连接到电机的 U、V、W，连接好地线 PE。

(3) BOP 控制电机运行。

完成设置后，可以利用 BOP 控制电机的运行，具体方法如下：

① 按下绿色启动按钮，电机启动并保持停止状态。

② 按下"数值增加"按钮提高频率，电机转动，其速度逐渐增加到 50 Hz。

③ 当变频器的输出频率达到 50 Hz 时，按下"数值减小"按钮，电机的速度及其显示值逐渐下降。

④ 按下"方向按钮"，可以改变电机的转动方向。

⑤ 按下红色按钮，电机停止。

注：如需要按下变频器启动按钮时电机就以指定速度运行，可以在以上设置的基础上，设定 P1040 = 设定值(频率)，具体操作步骤为：

① 设定 P0003 = 2(因为 P1040 参数的访问级是 2 级)

② 设定 P1040 = 20(MOP 的设定频率值 20 Hz)

2) 控制方式二

通过外部开关和电位器手动控制三相交流异步电机。

设置变频器的参数 P1000 = 2，即输出频率由端子 3、4 之间输入的模拟电压(0～10 V)设定。通过外部的开关连接变频器的数字输入端子 DIN1、DIN2，输入控制命令；通过外部电位器(可调电阻)连接变频器的模拟输入端子 AIN+、AIN-，输入频率设定值。

(1) 设置变频器参数。同控制方式 1 的设置流程图类似，控制方式 2 对于变频器的参数设置如表 3.3 所示。

表 3.3　控制方式 2 的参数设置

设置顺序	参数代号	设置值	说　　明
1	P0010	30	调出出厂设置参数
2	P0970	1	恢复出厂值
3	P0010	1	快速调试
4	P0100	0	选择 kW 单位，工频 50 Hz
5	P0304	380	电机的额定电压 V
6	P0305	0.13	电机的额定电流 A
7	P0307	0.01	电机的额定功率 kW
8	P0310	50	电机的额定频率 Hz

续表

设置顺序	参数代号	设置值	说　　明
9	P0311	1250	电机的额定速度 RPM
10	P0700	2	选择命令源(外部端子控制)
11	P1000	2	选择频率设定值(模拟量)
12	P1080	0	电机最小频率 Hz
13	P1082	50	电机最大频率 Hz
14	P1120	2	斜坡上升时间 s
15	P1121	2	斜坡下降时间 s
16	P3900	1	结束快速调试

(2) 连接电气回路。参照图 3.6 所示的变频器输入端子电气连接示意图，分别连接好两个开关和电位器。连接到 DIN1(端子 5)的开关 1 控制变频器的开/关，连接到 DIN2(端子 6)的开关 2 控制电机的正/反转。变频器的模拟值输入正极 AIN+(端子 3)连接到电位器的中间抽头，输入频率设定值(电压)由电位器的电阻值决定，电位器的另外两端分别连接+10 V(端子 1)和 0 V(端子 1)，模拟值输入负极 AIN−(端子 4)同 0 V(端子 1)直连。

注：变频器的端子 8、端子 9 输出数字控制电源+24V/0V；端子 1、端子 2 输出模拟控制电源+10V/0V。

(3) 调试运行。完成以上设置后，闭合开关 1，启动变频器；调节电位器即可使电机运转并调速；闭合开关 2 即可使电机换向运行。

3) 控制方式三

通过外部开关实现多段速控制三相交流异步电机。

设置变频器的参数 P1000=3，即输出频率由固定频率设定。通过外部的开关连接变频器的数字输入端子 DIN1、DIN2、DIN3，并设置 3 个端子相应的功能后，通过外部开关的组合通断输入端子的状态实现电机速度的有机调速，这种控制频率的方式称为多段速控制功能。

3 个数字输入端子的功能由 P0701、P0702、P0703 三个参数来进行设置，它们的详细设置值如图 3.6 所示。

由图 3.6 所示可知，数字输入 1 默认为接通正转功能，数值输入 2 默认为接通反转功能，数值输入 3 默认为故障确认功能，模拟输入端子在特定情况下可以设定为数字输入端子。当 P0701、P0702、P0703 的设定值为 15、16、17 时，选择固定频率的方式确定输出频率。这 3 种设定值的具体说明如图 3.7 所示。

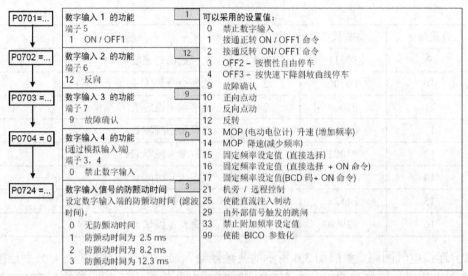

图 3.6　数字输入端子的设置方法

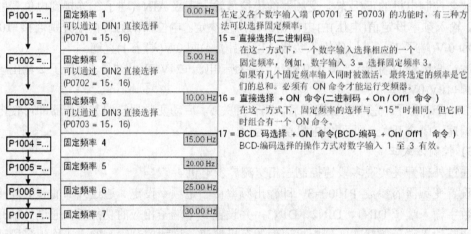

图 3.7　固定频率设定值说明

如图 3.7 所示，MM420 有 7 个固定频率值，分别由 7 个参数设定：

固定频率 1 = P1001 设定值，默认值是 0 Hz；

固定频率 2 = P1002 设定值，默认值是 5 Hz；

……；

固定频率 7 = P1007 设定值，默认值是 30 Hz。

BCD 码选择+ON 命令方式下，变频器可以最多输出 7 个固定频率，输入端子的组合方式与固定频率之间的关系如表 3.4 所示。

表 3.4　输入端子与固定频率的组合关系

固定频率参数	输入端子组合方式			
频率参数	工作方式	DIN1	DIN2	DIN3
	OFF	0	0	0
P1001	方式 1	0	0	1
P1002	方式 2	0	1	0
P1003	方式 3	0	1	1
P1004	方式 4	1	0	0
P1005	方式 5	1	0	1
P1006	方式 6	1	1	0
P1007	方式 7	1	1	1

例 3-1　直接选择方式。

要求利用 3 个开关控制一台三相交流异步电机以 35 Hz 频率运行，同时要求具有启停、反向功能。与本章所用实验台相对应的参数值设置流程如表 3.5 所示。

表 3.5　直接选择方式的参数设置流程

设置顺序	参数代号	设置值	说　明
1	P0010	30	调出出厂设置参数
2	P0970	1	恢复出厂值
3	P0003	2	参数访问级
4	P0010	1	快速调试
5	P0100	0	选择 kW 单位，工频 50 Hz
6	P0304	380	电机的额定电压 V
7	P0305	0.13	电机的额定电流 A
8	P0307	0.01	电机的额定功率 kW
9	P0310	50	电机的额定频率 Hz
10	P0311	1250	电机的额定速度 r/min
11	P0700	2	选择命令源(外部端子控制)
12	P0701	1	数字端子 1 的功能(正向开关)
13	P0702	12	数字端子 2 的功能(反向)
14	P0703	15	数字端子 3 的功能(直接选择)
15	P1000	3	选择频率设定值(固定频率)
16	P1003	35	设定固定频率 3 的数值(35 Hz)
17	P1080	0	电机最小频率 Hz
18	P1082	50	电机最大频率 Hz
19	P1120	2	斜坡上升时间 s
20	P1121	2	斜坡下降时间 s
21	P3900	1	结束快速调试

按照以上参数设置，并连接好电气回路。DIN1 是电机正转启动开关，DIN3 选择固定频率 3。当 DIN1 和 DIN3 都为 1 时，电机以 35 Hz 频率转动，DIN2 为 1 时换向。

例 3-2 直接选择+ON 方式。

要求利用 3 个开关控制一台三相交流异步电机分 3 段速运行，同时要求具有反向功能。与本章所用实验台相对应的参数值设置如表 3.6 所示。

表 3.6 直接选择+ON 方式的参数设置流程

设置顺序	参数代号	设置值	说 明
1	P0010	30	调出出厂设置参数
2	P0970	1	恢复出厂值
3	P0003	2	参数访问级
4	P0010	1	快速调试
5	P0100	0	选择 kW 单位，工频 50 Hz
6	P0304	380	电机的额定电压 V
7	P0305	0.13	电机的额定电流 A
8	P0307	0.01	电机的额定功率 kW
9	P0310	50	电机的额定频率 Hz
10	P0311	1250	电机的额定速度 r/min
11	P0700	2	选择命令源(外部端子控制)
12	P0701	16	数字端子 1 的功能(直接选择+ON)
13	P0702	12	数字端子 2 的功能(反向)
14	P0703	16	数字端子 3 的功能(直接选择+ON)
15	P1000	3	选择频率设定值(固定频率)
16	P1001	10	设定固定频率 1 的数值(10 Hz)
17	P1003	30	设定固定频率 3 的数值(30 Hz)
18	P1080	0	电机最小频率 Hz
19	P1082	50	电机最大频率 Hz
20	P1120	2	斜坡上升时间 s
21	P1121	2	斜坡下降时间 s
22	P3900	1	结束快速调试

按照表 3.6 设置参数，并连接好电气回路。DIN1 = 1 时电动机以 10 Hz 正转，DIN3 = 1 时，电机以 30 Hz 正转，当 DIN1 和 DIN3 都接通时，电机以 40 Hz 正转；接通 DIN2 时换向。

例 3-3　BCD 码选择+ON 方式。

要求利用 3 个开关控制一台三相交流异步电机分 7 段速运行，同时要求具有反向功能。与本章所用实验台相对应的参数值设置如表 3.7 所示。

表 3.7　BCD 码选择+ON 方式的参数设置流程

设置顺序	参数代号	设置值	说　明
1	P0010	30	调出出厂设置参数
2	P0970	1	恢复出厂值
3	P0003	2	参数访问级
4	P0010	1	快速调试
5	P0100	0	选择 kW 单位，工频 50 Hz
6	P0304	380	电机的额定电压 V
7	P0305	0.13	电机的额定电流 A
8	P0307	0.01	电机的额定功率 kW
9	P0310	50	电机的额定频率 Hz
10	P0311	1250	电机的额定速度 r/min
11	P0700	2	选择命令源(外部端子控制)
12	P0701	17	数字端子 1 的功能(BCD 选择+ON)
13	P0702	17	数字端子 2 的功能(BCD 选择+ON)
14	P0703	17	数字端子 3 的功能(BCD 选择+ON)
15	P0704	12	AIN+端子的功能(反转)
16	P1000	3	选择频率设定值(固定频率)
17	P1001	10	设定固定频率 1 的数值(10 Hz)
18	P1002	15	设定固定频率 2 的数值(15 Hz)
19	P1003	20	设定固定频率 3 的数值(20 Hz)
20	P1004	25	设定固定频率 4 的数值(25 Hz)
21	P1005	30	设定固定频率 5 的数值(30 Hz)
22	P1006	35	设定固定频率 6 的数值(35 Hz)

续表

设置顺序	参数代号	设置值	说　明
23	P1007	40	设定固定频率 7 的数值(40 Hz)
24	P1080	0	电机最小频率 Hz
25	P1082	50	电机最大频率 Hz
26	P1120	2	斜坡上升时间 s
27	P1121	2	斜坡下降时间 s
28	P3900	1	结束快速调试

按照表 3.7 设置参数，并连接好电气回路。电动机按照数字输入端子的组合方式以不同的固定频率运行，当模拟量输入端子 AIN+接通高电平时换向。

3.3.2　案例 1 总体说明

1. 任务要求

为某企业设计一条工件自动传送、分拣系统，用来运送金属工件和橡胶工件，并能够自动将两种工件分拣到不同的物料存储区域。根据客户提出的技术要求，综合考虑生产工艺、经济成本、机械结构、控制方式、环保水平等条件，设计出安全可靠、性价比好、易用性高的系统方案，并给出系统的设计图纸和控制程序。

2. 技术要求

(1) 工件材质：铝、橡胶；

(2) 工件外形尺寸：圆柱体，直径 300 mm，高 200 mm；

(3) 上料方式：手动上料，无须设计；

(4) 传送方式：上料后自动开始高速传送，在工件到达分拣工位之前自动转为低速传送，分拣完成后自动停止；

(5) 分拣方式：铝质工件存放至系统前置料仓，橡胶工件存放至系统后置料仓；

(6) 控制系统：采用 PLC 作为下位机，安装组态软件的工控机作为上位机；

(7) 控制模式：全自动启停控制，或上位机远程控制。

3. 系统总体设计

本案例基于 PLC、变频器、交流减速电机来实现输送带的传输控制，达到输送带启停、调速的功能，完成自动分拣橡胶工件/铝工件的目的。案例中采用西门子 S7-224XP PLC 作为控制器，采用西门子 MM420 变频器作为驱动器，采用西门子 SMART 700 IE 作为上位机，输送带由带式传送带、旋转编码器、光电开关、电感传感器、电容传感器、旋转电磁铁组成。案例的电气接线原理图如图 3.8 所示。

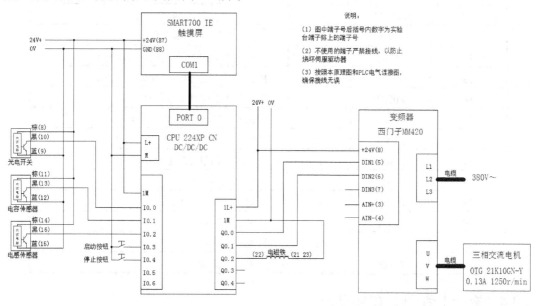

图 3.8　案例 1 电气接线原理图

3.3.3　MM420 变频器参数设置

根据本案例中三相交流异步电机的铭牌参数以及运动控制技术要求，设置 MM420 变频器的相应参数，如表 3.8 所示。

表 3.8　MM420 变频器参数设置流程

设置顺序	参数代号	设置值	说　　　明
1	P0010	30	调出出厂设置参数
2	P0970	1	恢复出厂值
3	P0003	2	参数访问级
4	P0010	1	快速调试
5	P0100	0	选择 kW 单位，工频 50 Hz
6	P0304	380	电机的额定电压 V
7	P0305	0.13	电机的额定电流 A
8	P0307	0.01	电机的额定功率 kW
9	P0310	50	电机的额定频率 Hz
10	P0311	1250	电机的额定速度 r/min

设置顺序	参数代号	设置值	说　明
11	P0700	2	选择命令源(外部端子控制)
12	P0701	16	数字端子 1 的功能(直接选择+ON)
13	P0702	16	数字端子 1 的功能(直接选择+ON)
14	P0703	12	数字端子 2 的功能(反向)
15	P1000	3	选择频率设定值(固定频率)
16	P1001	10	设定固定频率 1 的数值(10 Hz)
17	P1002	40	设定固定频率 2 的数值(40 Hz)
18	P1080	0	电动机最小频率 Hz
19	P1082	50	电动机最大频率 Hz
20	P1120	2	斜坡上升时间 s
21	P1121	2	斜坡下降时间 s
22	P3900	1	结束快速调试

3.3.4　案例 1 的 PLC 程序设计

根据工艺流程要求，设计西门子 S7-200 梯形图控制程序，如图 3.9 所示。

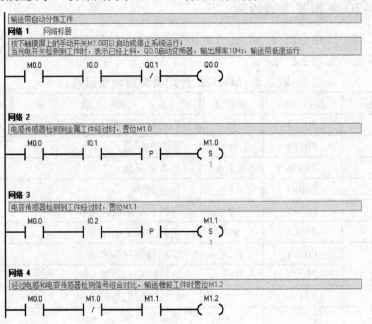

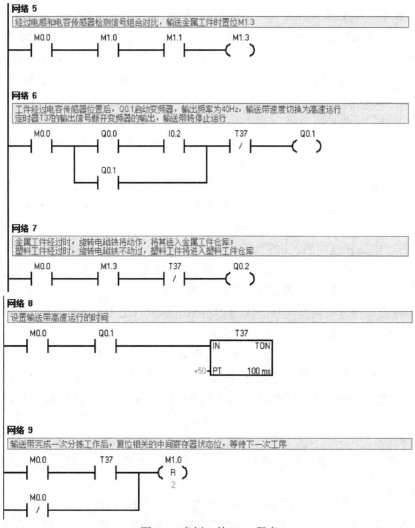

图 3.9　案例 1 的 PLC 程序

3.4　案例 2：直线往复运动工作台

3.4.1　步进电机运动控制

1. 步进电机驱动基本概念

步进电机分三种：永磁式(PM)、反应式(VR)和混合式(HB)。永磁式步进一般为两相，转矩和体积较小，步距角一般为 7.5° 或 15°。反应式步进一般为三相，可实现大转矩输出，步距角一般为 1.5°，但噪声和振动都很大。在欧美等发达国家 20 世纪 80 年代已被淘汰，在我国也已经基本被淘汰。混合式步进是指混合了永磁式和反应式的优点，它又分为两相、三相和五相：两相步距角为 1.8°，而五相步距角为 0.72°，三相步进电机步距角为 1.2°。

目前应用最广泛的是两相混合式，五相步进电机因成本较高而没能得到广泛应用，三相混合式步进电机因平稳性和精度高于两相混合式步进电机，性价比最高，因此三相混合式步进电机将在未来几年得到最为广泛的应用。

步进电机与伺服电机类似，需要配合专用的驱动器才能正常工作，这点与交流异步电机是不同的。一般的步进电机驱动系统均具备环形脉冲、功率放大和细分等功能。

(1) 脉冲信号的产生。脉冲信号一般由单片机或 CPU 产生，一般脉冲信号的占空比为 0.3~0.4 左右，电机转速越高，占空比则越大。

(2) 信号分配。感应子式步进电机一般以二相或四相电机为主。二相电机工作方式有二相四拍和二相八拍二种，具体分配如下：二相四拍步距角为 1.8°，二相八拍步距角为 0.9°。四相电机工作方式也有两种：四相四拍为 AB-BC-CD-DA-AB，步距角为 1.8°；四相八拍为 AB-B-BC-C-CD-D-AB，步距角为 0.9°。

(3) 功率放大。功率放大是驱动系统最为重要的部分。步进电机在一定转速下的转矩取决于它的动态平均电流而非静态电流(样本上的电流均为静态电流)，平均电流越大电机力矩越大，要达到平均电流大这就需要驱动系统尽量克服电机的反电势。因而不同的场合会采取不同的驱动方式，目前，驱动方式一般被分为：恒压、恒压串电阻、高低压驱动、恒流、细分数等。

(4) 细分驱动。在步进电机步距角不能满足使用的条件下，可采用细分驱动器来驱动步进电机。

步进电机的细分控制是由驱动器精确控制步进电机的相电流来实现的，以二相电机为例，假如电机的额定相电流为 3 A，如果使用常规驱动器(如常用的恒流斩波方式)驱动该电机，电机每运行一步，其绕组内的电流将从 0 A 突变为 3 A 或从 3 A 突变到 0 A，相电流的巨大变化必然会引起电机运行的振动和噪音。如果使用细分驱动器，在 10 细分的状态下驱动该电机，电机每运行一微步，其绕组内的电流变化只有 0.3 A 而不是 3 A，且电流是以正弦曲线规律变化，这样就大大改善了电机的振动和噪音，因此在性能上的改善才是细分驱动器的真正优点。但是由于细分驱动器要精确控制电机的相电流，所以对驱动器要有相当高的技术要求和工艺要求，成本因此也会较高。

2. PLC 与步进驱动器的连接

PLC 作为运动控制系统的控制器,发送脉冲信号给步进电机驱动器,从而驱动步进电机运行。PLC 与步进电机驱动器有共阳极和共阴极两种连接方式,如图 3.10 和图 3.11 所示。

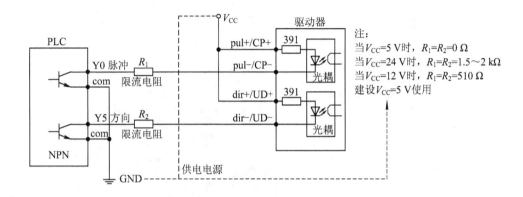

图 3.10　步进驱动器共阳极连接方式

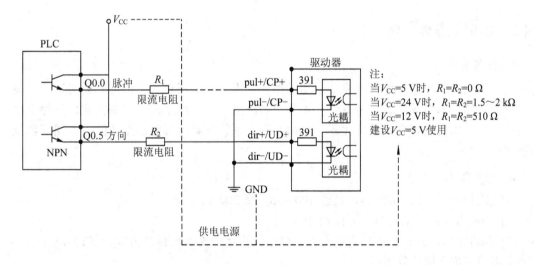

图 3.11　步进驱动器共阴极连接方式

西门子 S7-200 PLC 常用共阴极连接方式与步进驱动器组成运动控制系统,其典型的电气连接原理如图 3.12 所示。

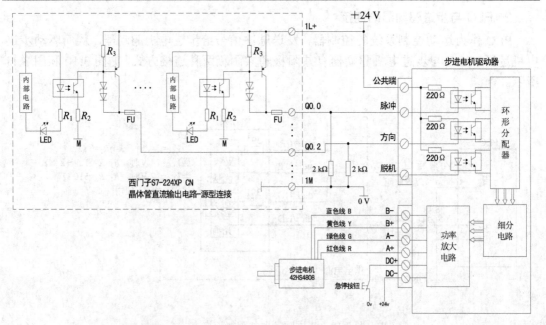

图 3.12　S7-200 PLC-步进电机电气连接原理图

3.4.2　案例 2 总体说明

1. 任务要求

为某企业设计一条工件自动往复运动工作台，用来在不同直线工位之间运送工件。根据客户提出的技术要求，综合考虑生产工艺、经济成本、机械结构、控制方式、环保水平等条件，设计出安全可靠、性价比好、易用性高的系统方案，并给出系统的设计图纸和控制程序。

2. 技术要求

(1) 工件外形尺寸：圆柱体，直径 300 mm，高 200 mm；

(2) 上料方式：手动上料，无须设计；

(3) 传送方式：系统上电后自动复位工作台，采用滚珠丝杆传动方式，导程 0.5 mm，在两个不同工位之间往复运行；

(4) 控制系统：采用 PLC 作为下位机，安装组态软件的工控机作为上位机；

(5) 控制模式：全自动启停控制或上位机远程控制。

3. 系统总体设计

本案例基于 PLC、滚珠丝杆、步进电机及其驱动器来实现工作台的定位控制，达到工作台往复运动的功能。电气接线原理如图 3.13 所示。

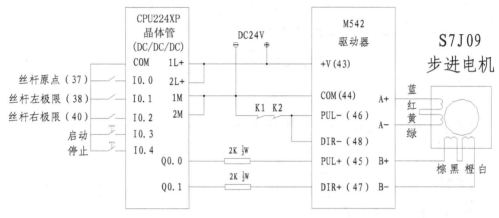

图 3.13　案例 2 电气接线原理图

选取步进电机的运行参数为：4000 步/转，工作电流 1.69 A，相应的步进驱动器拨码设置如表 3.9 所示。

表 3.9　步进驱动器拨码设置

SW1	SW2	SW3	SW4	SW5	SW6	SW7	SW8
off	off	on	off	on	off	on	off

3.4.3　案例 2 的 PLC 程序设计

根据工艺流程要求，设计西门子 S7-200 梯形图控制程序。程序由主程序 Main、子程序 SBR0、SBR1 组成。

(1) 主程序 Main 如图 3.14 所示。

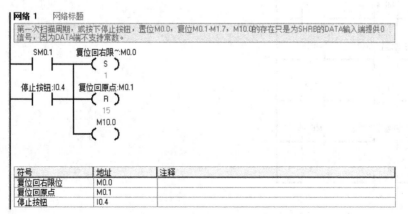

网络 2

延时100ms

```
复位回右限~:M0.0                     T40
   ┤ ├        ┤ ├               IN      TON
                         +1 ─ PT       100 ms
```

符号	地址	注释
复位回右限位	M0.0	

网络 3

步进电机复位的第一步,是回到右限位

```
   T40          M2.0
   ┤ ├          ( )
```

网络 4

SHRB指令实现步进电机顺序动作工位节点的连续置位功能,按照预设条件,依次将M0.0、M0.1……M1.1这10个位置1,顺序执行动作。M0.0、M0.1完成回零位操作。M0.4、M0.6、M1.0实现工位动作间的延时操作。M1.1实现循环功能。

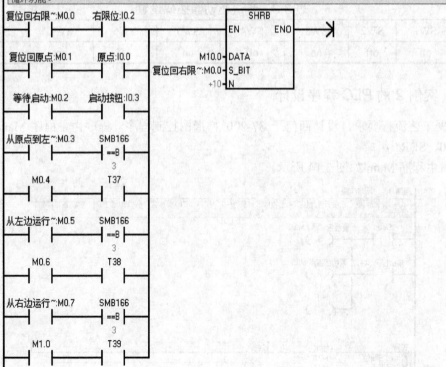

```
复位回右限~:M0.0  右限位:I0.2              ┌─────────────┐
   ┤ ├            ┤ ├                      │    SHRB     │
                                    ───────┤EN        ENO├───────┤
复位回原点:M0.1   原点:I0.0                 │             │
   ┤ ├            ┤ ├              M10.0 ─ │DATA         │
                                复位回右限~:M0.0 ─│S_BIT        │
等待启动:M0.2    启动按钮:I0.3        +10 ─ │N            │
   ┤ ├            ┤ ├                      └─────────────┘

从原点到左~:M0.3   SMB166
   ┤ ├            ==B
                    3
   M0.4           T37
   ┤ ├            ┤ ├

从左边运行~:M0.5   SMB166
   ┤ ├            ==B
                    3
   M0.6           T38
   ┤ ├            ┤ ├

从右边运行~:M0.7   SMB166
   ┤ ├            ==B
                    3
   M1.0           T39
   ┤ ├            ┤ ├
```

符号	地址	注释
从右边运行到左边	M0.7	
从原点到左边	M0.3	
从左边运行到右边	M0.5	
等待启动	M0.2	
复位回右限位	M0.0	
复位回原点	M0.1	
启动按钮	I0.3	
右限位	I0.2	
原点	I0.0	

网络 5

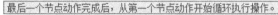
最后一个节点动作完成后，从第一个节点动作开始循环执行操作。

```
   M1.1          M0.4
───┤ ├──────────( S )
                   1
               M1.1
              ─( R )
                   1
```

网络 6

延时1s

```
   M0.4                    T37
───┤ ├──────────────┤IN      TON├
                     │            │
          +10────────┤PT   100 ms│
```

网络 7

延时1s

```
   M0.6                    T38
───┤ ├──────────────┤IN      TON├
                     │            │
          +10────────┤PT   100 ms│
```

网络 8

延时1s

```
   M1.0                    T39
───┤ ├──────────────┤IN      TON├
                     │            │
          +10────────┤PT   100 ms│
```

网络 9

步进电机回零位时，首先将其移动至右限位，需要的脉冲数至少要超过左限位与右限位间的距离，因此可以设置数量多一些的脉冲，有限位开关控制其动作。

```
   M2.0                      MOV_DW
───┤ ├───────┤ P ├──────┤EN      ENO├───────
                        │             │
         +300000────────┤IN      OUT├──VD100
```

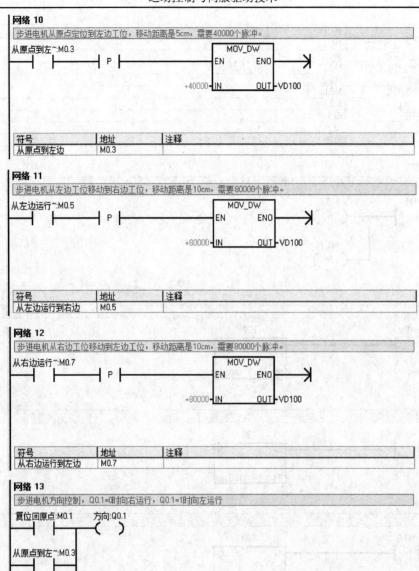

网络 10

步进电机从原点定位到左边工位，移动距离是5cm，需要40000个脉冲。

从原点到左~:M0.3 ─┤ ├─ P ─┤ ├──── MOV_DW
                                    EN   ENO
                            +40000─IN   OUT─VD100

符号	地址	注释
从原点到左边	M0.3	

网络 11

步进电机从左边工位移动到右边工位，移动距离是10cm，需要80000个脉冲。

从左边运行~:M0.5 ─┤ ├─ P ─┤ ├──── MOV_DW
                                    EN   ENO
                            +80000─IN   OUT─VD100

符号	地址	注释
从左边运行到右边	M0.5	

网络 12

步进电机从右边工位移动到左边工位，移动距离是10cm，需要80000个脉冲。

从右边运行~:M0.7 ─┤ ├─ P ─┤ ├──── MOV_DW
                                    EN   ENO
                            +80000─IN   OUT─VD100

符号	地址	注释
从右边运行到左边	M0.7	

网络 13

步进电机方向控制，Q0.1=0时向右运行，Q0.1=1时向左运行

复位回原点:M0.1   方向:Q0.1
─┤ ├─┬─┤ ├──────( )
     │
从原点到左~:M0.3
─┤ ├─┤
     │
从右边运行~:M0.7
─┤ ├─┘

符号	地址	注释
从右边运行到左边	M0.7	
从原点到左边	M0.3	
方向	Q0.1	
复位回原点	M0.1	

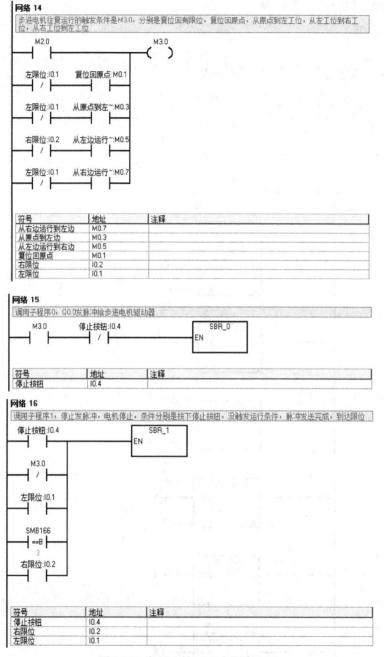

图 3.14　案例 2 的 PLC 主程序 Main

(2) 子程序 SBR0 如图 3.15 所示。

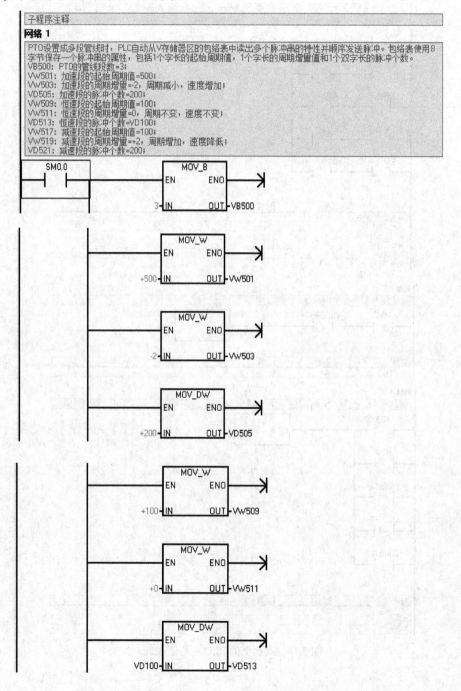

子程序注释

网络 1

PTO设置成多段管线时，PLC自动从V存储器区的包络表中读出多个脉冲串的特性并顺序发送脉冲。包络表使用8字节保存一个脉冲串的属性，包括1个字长的起始周期值，1个字长的周期增量值和1个双字长的脉冲个数。
VB500: PTO的管线段数=3；
VW501: 加速段的起始周期值=500；
VW503: 加速段的周期增量=-2，周期减小，速度增加；
VD505: 加速段的脉冲个数=200；
VW509: 恒速段的起始周期值=100；
VW511: 恒速段的周期增量=0，周期不变，速度不变；
VD513: 恒速段的脉冲个数=VD100；
VW517: 减速段的起始周期值=100；
VW519: 减速段的周期增量=+2，周期增加，速度降低；
VD521: 减速段的脉冲个数=200；

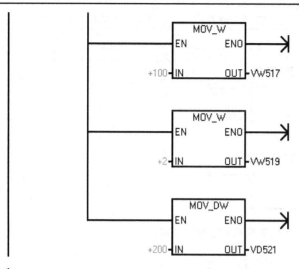

网络 2

SM67是Q0.0的控制字节，设定值=0A0H，详细配置是：
SM67.0：PTO/PWM更新周期值，0=不更新，1=更新周期值；
SM67.1：PWM更新脉冲宽度值，0=不更新，1=更新脉冲宽度值；
SM67.2：PTO更新脉冲数，0=不更新，1=更新脉冲数；
SM67.3：PTO/PWM时间基准选择，0=1us/时基，1=1ms/时基；
SM67.4：PWM更新方法，0=异步更新，1=同步更新；
SM67.5：PTO操作，0=单段操作，1=多段操作；
SM67.6：PTO/PWM模式选择，0=选择PTO，1=选择PWM；
SM67.7：PTO/PWM允许，0=禁止PTO/PWM，1=允许PTO/PWM；
SM168设置多段包络表的起始位置=V500，从设定值开始的字节偏移表示（仅用在多段PTO操作中）

图 3.15 案例 2 的 PLC 子程序 SBR0

(3) 子程序 SBR1 如图 3.16 所示。

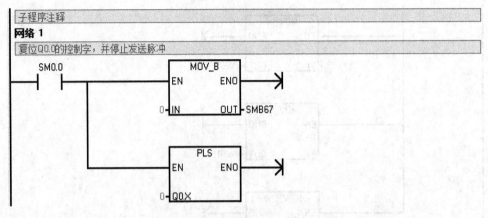

图 3.16　案例 2 的 PLC 子程序 SBR1

3.5　案例 3：精确定位转盘

3.5.1　伺服运动控制基本概念

伺服一词源于古希腊语"奴隶"的意思。从运动控制的角度来看，"伺服机构"要严格服从控制信号的要求：在信号来到之前，转子静止不动；当信号来到之后，转子立即转动；当信号消失，转子能及时自行停转。由于它的"伺服"性能，因此而得名。目前伺服已经成为高精度、高响应速度、高性能的代名词。

伺服系统是使物体的位置、方向、状态等输出被控量能随输入目标值(或给定值)的任意变化而变化的自动控制系统。伺服系统在运动控制领域具备以下优点：高精度的位置控制、高速定位控制、机械性能好、抗干扰能力强。

伺服系统一般有三个环控制，所谓三环就是 3 个闭环负反馈 PID 调节系统。

第 1 环是电流环，即控制系统最内的 PID 环，此环完全在伺服驱动器内部进行，通过霍尔装置检测驱动器给电机的各相输出电流，负反馈给电流的设定进行 PID 调节，从而达到输出电流尽量接近设定电流。电流环就是控制电机转矩的，所以在转矩模式下驱动器的运算最小，动态响应最快。

第 2 环是速度环，通过检测电机编码器的信号来进行负反馈 PID 调节，它的环内 PID 输出就是电流环的设定，所以速度环控制时就包含了速度环和电流环，换句话说任何模式都必须使用电流环，电流环是控制的根本，在速度和位置控制的同时系统实际也在进行电流(转矩)的控制以达到对速度和位置的相应控制。

第 3 环是位置环，它是最外环，既可以在驱动器和电机编码器间构建，也可以在外部控制器和电机编码器或最终负载间构建，需要根据实际情况来定。由于位置控制环内部输出就是速度环的设定，位置控制模式下系统进行了 3 个环的运算，此时的系统运算量最大，动态响应速度也最慢。

根据不同控制系统的需求，伺服系统一般有三种控制模式可供选择：转矩控制模式、速度控制模式和位置控制模式。

(1) 转矩控制：电流环控制，通过外部模拟量的输入或直接的地址的赋值来设定电机轴对外输出转矩的大小，具体控制模式为：例如 10 V 对应 5 N·m，当外部模拟量设定为 5 V 时电机轴输出为 2.5 N·m；如果电机轴负载低于 2.5 N·m 时电机正转，外部负载等于 2.5 N·m 时电机不转，大于 2.5 N·m 时电机反转(通常在有重力负载情况下产生)。可以通过即时的改变模拟量的设定来改变设定的力矩大小，也可通过通讯方式改变对应的地址的数值来实现。转矩控制的应用主要是在对材质的受力有严格要求的缠绕和放卷的装置中，例如绕线装置或拉光纤设备，转矩的设定要根据缠绕半径的变化随时更改以确保材质的受力不会随着缠绕半径的变化而改变。

(2) 速度控制：速度环控制，通过模拟量的输入或脉冲的频率对转动速度进行控制，在有上位控制装置的外环 PID 控制时，速度模式也可以进行定位，但必须把电机的位置信号或直接负载的位置信号反馈给上位以做运算用。位置模式也支持直接负载外环检测位置信号，此时的电机轴端的编码器只检测电机转速，位置信号就由最终负载端的检测装置来提供，这样的优势在于可以减少中间传动过程中的误差，提高了整个系统的定位精度。

(3) 位置控制：三环控制，伺服中最常用的控制。位置控制模式一般是通过外部输入的脉冲频率来确定转动速度的大小，通过脉冲的个数来确定转动的角度，也有伺服可以通过通讯方式直接对速度和位移进行赋值。由于位置模式可以对速度和位置进行严格地控制，所以一般应用于定位装置，如数控机床、印刷机械等等。

三种控制模式的对比：如果对电机的速度、位置都没有要求，只要输出一个恒转矩，那么可以选择转矩模式。如果对位置和速度有一定的精度要求，而对实时转矩不是很关心，则可选择速度或位置模式。如果上位控制器有比较好的闭环控制功能，用速度控制效果会好一点。如果本身要求不是很高，或者基本没有实时性的要求，可以选 1 用位置控制方式。就伺服驱动器的响应速度来看，转矩模式运算量最小，驱动器对控制信号的响应最快；位置模式运算量最大，驱动器对控制信号的响应最慢。对运动中的动态性能有比较高的要求时，需要实时对电机进行调整。如果控制器本身的运算速度很慢(比如 PLC 或低端运动控制器)，就用位置可以控制模式。如果控制器运算速度控制较快，可以用速度控制模式，把位置环从驱动器移到控制器上，可以减少驱动器的工作量，提高效率(比如大部分中高端运动控制器)；如果有更好的上位控制器，还可以用转矩控制模式，把速度环也从驱动器上移开，但一般只是高端专用控制器才需要，并且这时完全不需要使用伺服电机。

3.5.2　伺服运动控制的系统配置

伺服运动控制系统主要涉及步进电机、伺服电机的控制，其配置一般由伺服控制器、驱动器和驱动元件(或称执行元件伺服电机)组成。伺服运动控制系统的结构模式一般是：控制装置 1 驱动器和伺服电机，如图 3.17 所示。高性能的伺服系统还有检测装置用以反馈实际的输出状态。

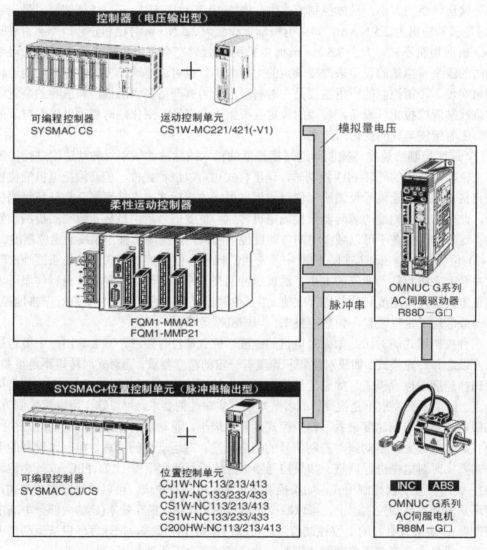

图 3.17　伺服运动控制系统的典型配置

控制装置可以是 PLC 系统，也可以是专用的自动化装置(如运动控制器、运动控制卡)。PLC 系统作为控制装置时，具有系统组成灵活、通用性好的优点，但对于精度较高(如插补控制)反应灵敏的要求时难以做到或编程非常困难，而且成本可能较高。

随着科技进步和技术积累，运动控制器应运而生，它把一些普遍性的、特殊的运动控制功能固化在其中(如插补指令)，用户只需组态、调用这些功能块或指令就可以，这样减轻了编程难度，在性能、成本等方面也有优势。

PLC 和运动控制器之间的关系也可以这样理解：PLC 的使用是一种普通的运动控制装置。运动控制器是一种特殊的 PLC，专职用于运动控制。

一般来说，在被控伺服电机的数量较少时，采用 PLC 作为控制器比较简单易行，性价比较高。而运动控制器是针对多个伺服电机时，控制能力要强一些。比较直观的是运动控制相关的指标参数要高一些，比如高速脉冲输出的最大频率，PLC 通常是几十千赫，高的几百千赫，控制器则至少几百千赫，基本可以达到兆赫。对于简单的运动，这个影响不大，最多调整下伺服的电子齿轮比，但对于高速的精密运动，这个区别就比较重要了。另外一些诸如闭环控制、加减速过程规划、多轴插补的运动轨迹规划等，也是运动控制器的强项。

3.5.3　伺服驱动器

伺服驱动器(servo drives)又称为"伺服控制器"或"伺服放大器"，是用来控制伺服电机的一种控制器，其作用类似于变频器作用于普通交流马达，属于伺服系统的一部分，主要应用于高精度的定位系统。目前主流的伺服驱动器均采用数字信号处理器(DSP)作为控制核心，可以实现数字化、网络化和智能化等比较复杂的控制算法。功率器件通常采用以智能功率模块(IPM)为核心的驱动电路，IPM 内部集成了驱动电路，同时具有过电压、过电流、过热、欠压等故障检测保护电路，在主回路中还加入软启动电路用以减小启动过程对驱动器的冲击。功率驱动单元首先通过三相全桥整流电路对输入的三相电或者市电进行整流，得到相应的直流电。经过整流的三相电或市电再通过三相正弦 PWM 电压型逆变器变频来驱动三相永磁式同步交流伺服电机。功率驱动单元的整个过程简单地说就是 AC-DC-AC 的过程。整流单元(AC-DC)主要的拓扑电路是三相全桥不控整流电路。伺服驱动器的内部结构如图 3.18 所示。

当前交流伺服驱动器设计中普遍采用基于矢量控制的电流、速度、位置 3 闭环控制算法。该算法中速度闭环的设计，对于整个伺服控制系统，特别是速度控制性能的发挥起到关键作用。

伺服驱动器一般是通过位置、速度和力矩三种方式对伺服电机进行控制，实现高精度的传动系统定位，是传动技术的高端产品。图 3.19 所示即为本案例所用到的欧姆龙伺服驱动器。

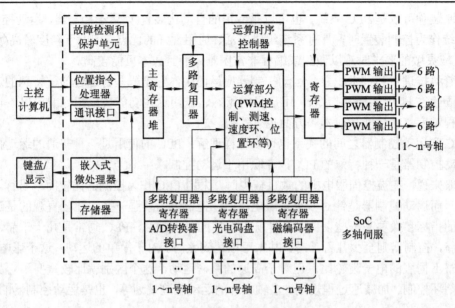

图 3.18　伺服驱动器内部结构示意图

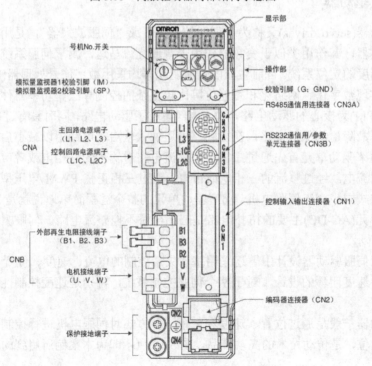

图 3.19　欧姆龙(OMRON)R88D-GT02H

如图 3.19 所示,欧姆龙伺服驱动器与 PLC 连接时,通常需要连接 CNA 端子、CNB 端子、CN1 端子和 CN2 端子。各端子的引脚配置如表 3.10、表 3.11 和图 3.20 所示。

表 3.10　CNA 引脚配置

符号	名　称	功　能
L1	主回路电源 输入	R88D-GT□L(50～400 W):单相 AC100～115 V(85～127 V)50/60 Hz
L2		R88D-GT□H-Z(100～1.5 W):单相 AC200～240 V(170～264 V)50/60 Hz
L3		(750～7.5 W):三相 AC200～240 V(170～264 V)50/60 Hz
L1C	控制回路电源 输入	R88D-GT□L:单相 AC100～115 V(85～127 V)50/60 Hz
L2C		R88D-GT□H-Z:单相 AC200～240 V(170～264 V)50/60 Hz

表 3.11　CNB 引脚配置

符号	名　称	功　能	
B1	外部再生电阻 连接端子	50～400 W:通常不需要接线。再生能量较大时,可在 B1-B2 间连接外部再生电阻	
B2		750 W～5 kW:通常 B2-B3 间为短路。再生能量较大时可除去 B2-B3 间的短路条,在 B1-B2 间连接外部再生电阻	
B3		6 kW、7.5 kW:再生电阻无须内置 根据需要,在 B1-B2 间连接外部再生电阻	
U	电机连接端子	红	这些为输出到伺服电机的端子 确保正确连接这些端子
V		白	
W		蓝	
⏚		绿/黄	
⏚	机架地线	这是接地端子。D 种接地(3 级接地)以上	

引脚	信号	说明
1	+24VCCW	指令脉冲用24V集电极开路输入
2	+24VCCW	指令脉冲用24V集电极开路输入
3	+CW/-PULS/+FA	反转脉冲/进给脉冲/90°相位差信号(A相)
4	-CW/-PULS/-FA	反转脉冲/进给脉冲/90°相位差信号(A相)
5	+CCW/+SIGN/+FB	正转脉冲/正反向信号/90°相位差信号(B相)
6	-CCW/-SIGN/-FB	正转脉冲/正反向信号/90°相位差信号(A相)
7	+24VIN	DC12~24V电源输入
8	NOT	反转驱动禁止输入
9	POT	正转驱动禁止输入
10	BKIRCOM	制动器联锁输出
11	BKIR	制动器联锁输出
12	OUTM1	通用输出1
13	SENGND	接地公共端
14	REF/TREF/VLIM	速度指令输入/转矩指令输入/速度限制输入
15	AGND	模拟量输入接地
16	PCL/TREF	正转转矩限制输入/转矩指令输入
17	AGND	模拟量输入接地
18	NCL	反转转矩限制输入
19	Z	Z相输出(集电极开路)
20	SEN	传感器打开输入
21	+A	编码器A相+输出
22	-A	编码器A相-输出
23	+Z	编码器Z相+输出
24	-Z	编码器Z相-输出
25	ZCOM	Z相输出(集电极开路)共用
26	VZERO/DFSEL/PNSEL	零速度指定输入/制振滤波器切换/速度指令旋转方向切换
27	GSEL/TLSEL	增益切换/转矩限制切换
28	GESEL/VSEL3	电子齿轮切换/内部设定速度选择3
29	RUN	运转指令
30	ECRST/VSEL2	偏差计数器复位输入/内部设定速度选择2
31	RESET	报警复位输入
32	TVSEL	控制模式切换输入
33	IPG/VSEL1	脉冲禁止输入/内部设定速度选择2
34	READYCOM	伺服准备完成输出
35	READY	伺服准备完成输出
36	ALMCOM	报警输出
37	/ALM	报警输出
38	INPCOM/TGONCOM	定位完成输出/电机转速检测用公共端
39	INPT/TGON	定位完成输出/电机转速检测输出
40	OUTM2	通用输出2
41	COM	通用输出公共端
42	BAT	绝对值编码器用备用电池输入
43	BATGND	绝对值编码器用备用电池输入
44	+CWLD	反转脉冲/(线性驱动专用输入)
45	-CWLD	反转脉冲/(线性驱动专用输入)
46	-CCWLD	正转脉冲/(线性驱动专用输入)
47	-CCWLD	正转脉冲/(线性驱动专用输入)
48	-B	编码器B相-输出
49	+B	编码器B相+输出
50		*

图 3.20　CN1 引脚配置

以驱动器工作在位置模式为例，CN1 引脚的输入、输出信号连接与外部信号的处理如图 3.21 所示。

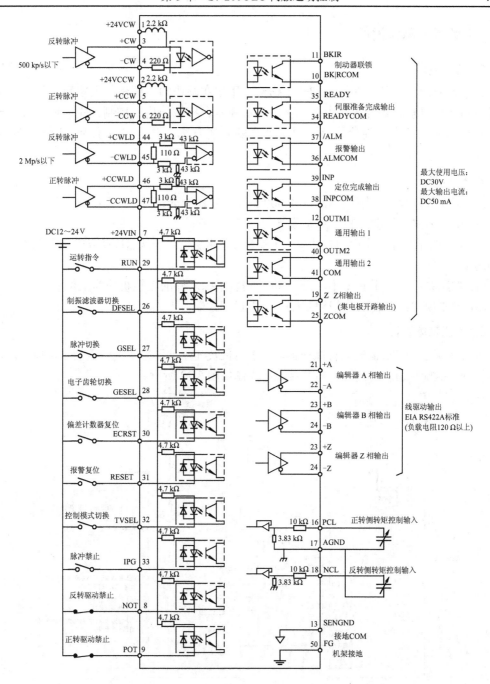

图 3.21　CN1 引脚的输入、输出信号连接与外部信号的处理

3.5.4 案例 3 总体说明

1. 任务要求

为某企业设计一条工件加工旋转工作台，用来在圆周的不同角度上装配工件。根据客户提出的技术要求，综合考虑生产工艺、经济成本、机械结构、控制方式、环保水平等条件，设计出安全可靠、性价比好、易用性高的系统方案，并给出系统的设计图纸和控制程序。

2. 技术要求

(1) 工件外形尺寸：圆柱体，直径 300 mm，高 200 mm；

(2) 上料方式：手动上料，无须设计；

(3) 传送方式：系统上电后自动复位工作台，采用涡轮蜗杆减速传动方式，减速比 30∶1，圆周运动；

(4) 控制系统：采用 PLC 作为下位机，安装组态软件的工控机作为上位机；

(5) 控制模式：全自动启停控制或上位机远程控制。

3. 系统总体设计

本案例基于 PLC、涡轮蜗杆减速器、步进电机及其驱动器来实现转盘的定位控制，达到精确控制转盘旋转角度的功能。电气接线原理图如图 3.22 所示。

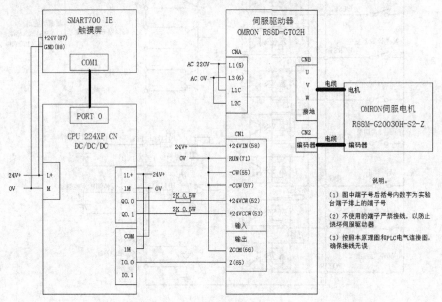

图 3.22　案例 3 电气接线原理图

3.5.5　案例 3 的 PLC 程序设计

根据工艺流程要求，设计西门子 S7-200 梯形图控制程序。程序由主程序 Main、子程序 SBR0、子程序 SBR1、中断程序 HSC-INT 和中断程序 INT0 组成。

(1) 主程序 Main 如图 3.23 所示。

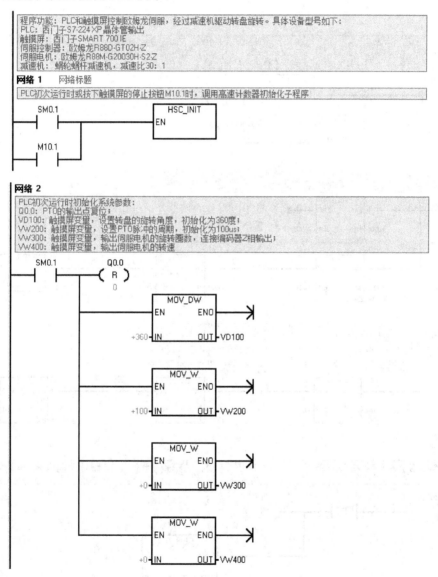

网络 3

编码器Z相输出接入I0.0，通过高速计数器HSC0得到伺服电机的旋转圈数

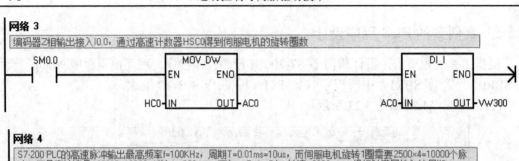

网络 4

S7-200 PLC的高速脉冲输出最高频率f=100KHz，周期T=0.01ms=10us，而伺服电机旋转1圈需要2500×4=10000个脉冲，即最高转速是100000÷10000=10转/s=600rpm；可知，T=1us时，转速是6000rpm；根据触摸屏输入的周期VW200（单位是us），可计算出当前伺服电机的转速VW400

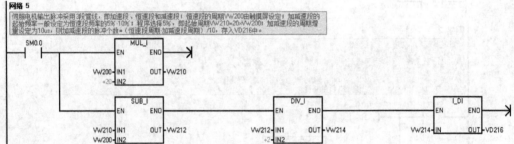

网络 5

伺服电机输出脉冲采用3段曲线，即加速段、恒速段和减速段。恒速段的周期VW200由触摸屏设定，加减速段的起始频率一般设定为恒速段频率的5%~10%，程序选择5%，即起始触发周期VW210=20×VW200，加减速段的周期增量设定为10us，则加减速段的脉冲个数＝（恒速段周期-加减速段周期）/10，存在VD216中。

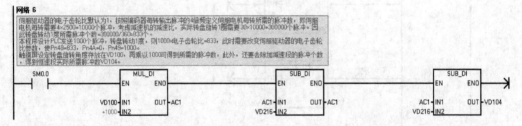

网络 6

伺服驱动器的电子齿轮比默认为1，按照编码器每转输出脉冲的4倍频定义伺服电机每转所需的脉冲数，即伺服电机每转需要4×2500=10000个脉冲。考虑减速机的减速比，实际转盘旋转1圈需要30×10000=300000个脉冲。因此转盘转动1度所需脉冲个数＝300000/360=833个。
本程序设计PLC发送1000个脉冲，转盘转动1度，则1000电子齿轮比=833，此时需要改变伺服驱动器的电子齿轮比参数，使Pn48=833，Pn4A=0，Pn49=1000。
触摸屏设定转盘转动角度存放在VD100，再乘以1000即得到所需的脉冲数，此外，还要去除加减速段的脉冲个数，得到恒速段实际所需脉冲数VD104。

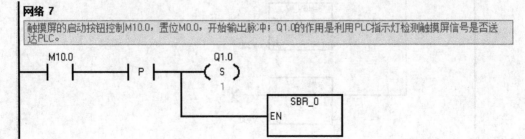

网络 7

触摸屏的启动按钮控制M10.0，置位M0.0，开始输出脉冲；Q1.0的作用是利用PLC指示灯检测触摸屏信号是否送达PLC。

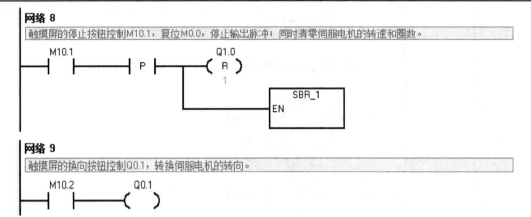

图 3.23　案例 3 的 PLC 主程序 Main

(2) 伺服输出子程序 SBR0 如图 3.24 所示。

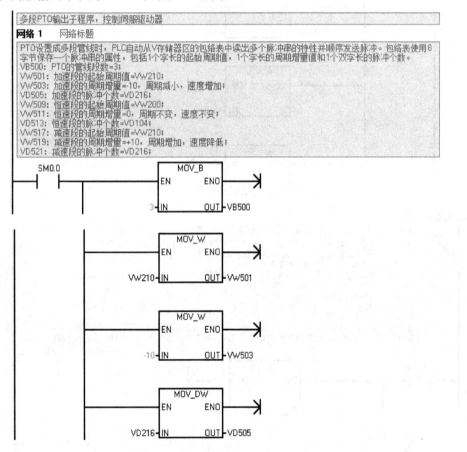

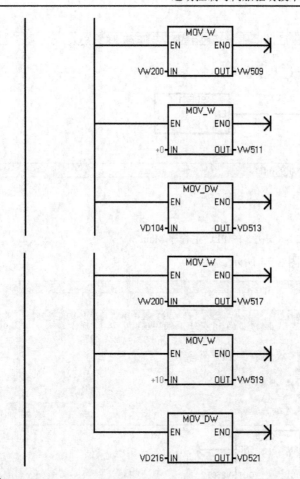

网络 2

SM67是Q0.0的控制字节，设定值=0A0H，详细配置是：
SM67.0：PTO/PWM更新周期值，0=不更新，1=更新周期值；
SM67.1：PWM更新脉冲宽度值，0=不更新，1=更新脉冲宽度值；
SM67.2：PTO更新脉冲数，0=不更新，1=更新脉冲数；
SM67.3：PTO/PWM时间基准选择，0=1us/时基，1=1ms/时基；
SM67.4：PWM更新方法，0=异步更新，1=同步更新；
SM67.5：PTO操作，0=单段操作，1=多段操作；
SM67.6：PTO/PWM模式选择，0=选择PTO，1=选择PWM；
SM67.7：PTO/PWM允许，0=禁止PTO/PWM，1=允许PTO/PWM；
SM168设置多段包络表的起始位置=V500，从设定值开始的字节偏移表示（仅用在多段PTO操作中）
将19号中断（PTO完成）与中断程序INT0相关联，当Q0.0的脉冲发送完成后调用INT0，停止伺服电机。

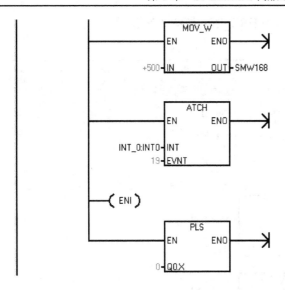

图 3.24 案例 3 的 PLC 子程序 SBR0

(3) 停止输出脉冲子程序 SBR1 如图 3.25 所示。

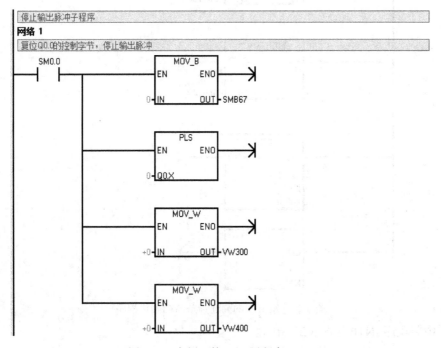

图 3.25 案例 3 的 PLC 子程序 SBR1

(4) 高速计数器 HSC0 的初始化程序 HSC_INT 如图 3.26 所示。

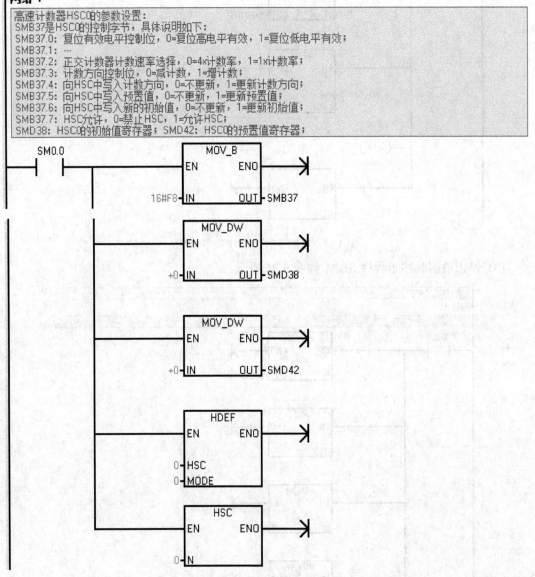

网络 1

> 高速计数器HSC0的参数设置：
> SMB37是HSC0的控制字节，具体说明如下：
> SMB37.0：复位有效电平控制位，0=复位高电平有效，1=复位低电平有效；
> SMB37.1：…
> SMB37.2：正交计数器计数速率选择，0=4x计数率，1=1x计数率；
> SMB37.3：计数方向控制位，0=减计数，1=增计数；
> SMB37.4：向HSC中写入计数方向，0=不更新，1=更新计数方向；
> SMB37.5：向HSC中写入预置值，0=不更新，1=更新预置值；
> SMB37.6：向HSC中写入新的初始值，0=不更新，1=更新初始值；
> SMB37.7：HSC允许，0=禁止HSC，1=允许HSC；
> SMD38：HSC0的初始值寄存器；SMD42：HSC0的预置值寄存器；

图 3.26　案例 3 的高速计数器初始化程序

(5) 中断程序 INT0 如图 3.27 所示。

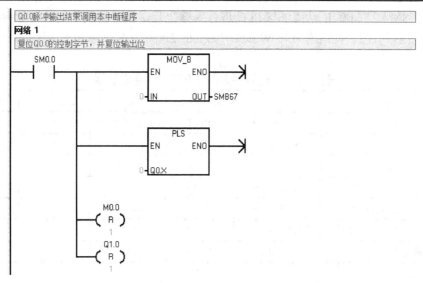

图 3.27　案例 3 的中断程序 INT0

3.5.6　案例 3 的触摸屏程序设计

本案例采用的触摸屏是西门子 SMART 700 IE，在西门子组态软件 WinCC flexible 2008 中设计上位机监控界面，如图 3.28 所示。

图 3.28　案例 3 的组态设计界面

西门子 SMART 700 IE 触摸屏与 PLC 进行数据交互，设置伺服系统的运行参数并采集伺服系统的运行状态。在组态软件 WinCC flexible 2008 中设计与 PLC 通信的变量，如表 3.12 所示。

表 3.12　设置触摸屏与 PLC 的通信变量

名　　称	连接	数据类型	地址	数组计数	采集周期
启动	S7 224XP	Bool	M10.0	1	100 ms
停止	S7 224XP	Bool	M10.1	1	100 ms
换向	S7 224XP	Bool	M10.2	1	100 ms
转盘旋转角度设定值	S7 224XP	DWord	VD100	1	100 ms
PTO 脉冲周期设定值	S7 224XP	Word	VW200	1	100 ms
伺服电机编码器 Z 相输出值	S7 224XP	Word	VW300	1	100 ms
伺服电机转速	S7 224XP	Word	VW400	1	100 ms

3.6　案例 4：工件传送加工生产线

3.6.1　案例 4 总体说明

1. 任务要求

为某企业设计一条工件传送加工生产线，将工件从原始工位快速并精确地传送到装配工位，进行加工之后再快速返回原始工位。根据客户提出的技术要求，综合考虑生产工艺、经济成本、机械结构、控制方式、环保水平等条件，设计出安全可靠、性价比好、易用性高的系统方案，并给出系统的设计图纸和控制程序。

2. 技术要求

(1) 工件外形尺寸：圆柱体，直径 300 mm，高 200 mm；

(2) 上料方式：手动上料，无须设计；

(3) 传送方式：系统上电后自动复位工作台，传送机构采用滚珠丝杆传动方式，导程 0.5 mm；加工工位采用伺服电机和涡轮蜗杆减速传动方式，减速比 30：1；

(4) 控制系统：采用 PLC 作为下位机，安装组态软件的工控机作为上位机；

(5) 控制模式：全自动启停控制或上位机远程控制；

3. 系统总体设计

本案例基于 PLC、伺服电机、伺服驱动器、涡轮蜗杆减速器、步进电机及其驱动器来实现工件的传送与加工控制，达到精确控制装配工位位置和加工工位运动角度的功能。电气接线原理如图 3.29 所示。

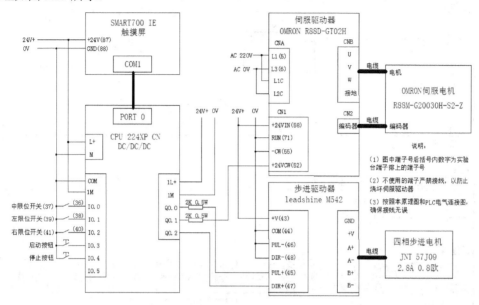

图 3.29　案例 4 电气接线原理图

3.6.2　案例 4 的 PLC 程序设计

根据工艺流程要求，设计西门子 S7-200 梯形图控制程序。程序由主程序 Main、子程序 SBR0、子程序 SBR1、子程序 SBR2、子程序 SBR3 组成。

(1) 主程序 Main 如图 3.30 所示。

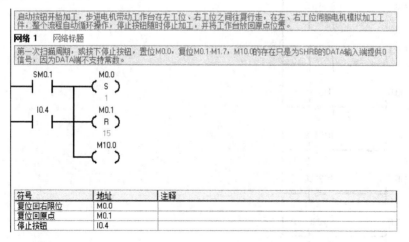

网络 2

延时100ms

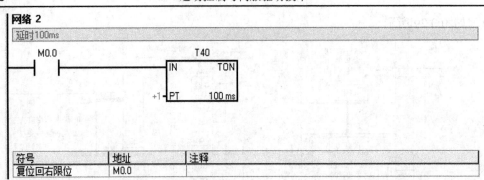

符号	地址	注释
复位回右限位	M0.0	

网络 3

步进电机复位的第一步，是回到右限位

```
    T40         M2.0
────┤ ├─────────( )
```

网络 4

SHRB指令实现工艺流程各工位节点的连续置位功能，按照预设条件，依次将M0.0、M0.1……M1.1这10个位置1，使顺序执行动作。M0.0、M0.1完成回零位操作。M0.4、M0.6启动伺服电机旋转1周，M1.0实现工1个完整动作间的延时操作。M1.1实现循环功能。

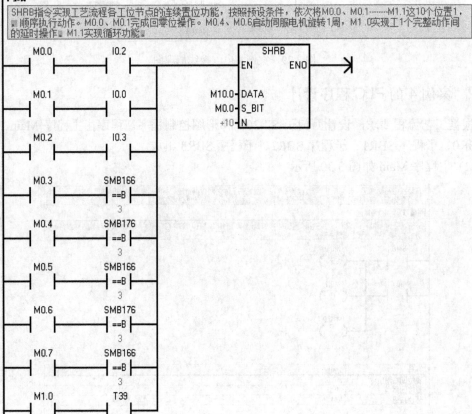

符号	地址	注释
从右边运行到左边	M0.7	
从原点到左边	M0.3	
从左边运行到右边	M0.5	
等待启动	M0.2	
复位回右限位	M0.0	
复位回原点	M0.1	
启动按钮	I0.3	
右限位	I0.2	
原点	I0.0	

网络 5

最后一个节点动作完成后，从第一个节点动作开始循环执行操作。

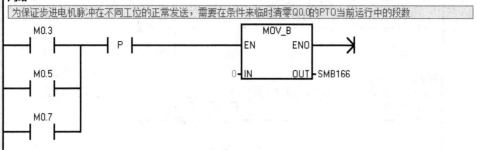

网络 6

为保证步进电机脉冲在不同工位的正常发送，需要在条件来临时清零Q0.0的PTO当前运行中的段数

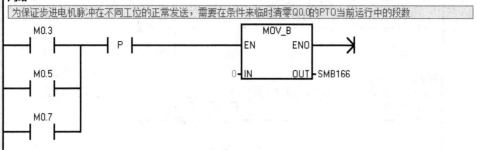

符号	地址	注释
从右边运行到左边	M0.7	
从原点到左边	M0.3	
从左边运行到右边	M0.5	

网络 7

为保证伺服电机脉冲在不同工位的正常发送，需要在条件来临时清零Q0.1的PTO当前运行中的段数

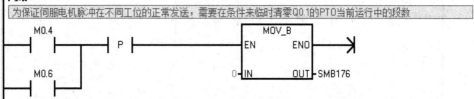

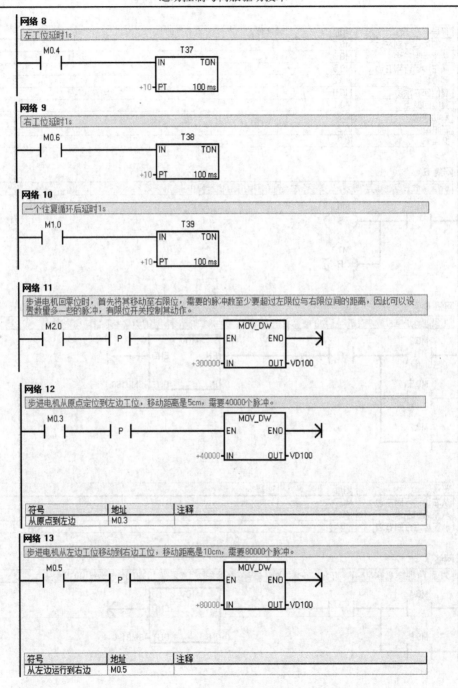

网络 8

左工位延时1s

```
     M0.4              T37
   ┤  ├──────────────┤ IN      TON │
                      │             │
              +10 ────┤ PT    100 ms│
```

网络 9

右工位延时1s

```
     M0.6              T38
   ┤  ├──────────────┤ IN      TON │
                      │             │
              +10 ────┤ PT    100 ms│
```

网络 10

一个往复循环后延时1s

```
     M1.0              T39
   ┤  ├──────────────┤ IN      TON │
                      │             │
              +10 ────┤ PT    100 ms│
```

网络 11

步进电机回零位时，首先将其移动至右限位，需要的脉冲数至少要超过左限位与右限位间的距离，因此可以设置数量多一些的脉冲，有限位开关控制其动作。

```
     M2.0                      MOV_DW
   ┤  ├────┤ P ├───────────┤ EN     ENO ├──┐
                           │              │
          +300000 ────────┤ IN     OUT ├─VD100
```

网络 12

步进电机从原点定位到左边工位，移动距离是5cm，需要40000个脉冲。

```
     M0.3                      MOV_DW
   ┤  ├────┤ P ├───────────┤ EN     ENO ├──┐
                           │              │
           +40000 ────────┤ IN     OUT ├─VD100
```

符号	地址	注释
从原点到左边	M0.3	

网络 13

步进电机从左边工位移动到右边工位，移动距离是10cm，需要80000个脉冲。

```
     M0.5                      MOV_DW
   ┤  ├────┤ P ├───────────┤ EN     ENO ├──┐
                           │              │
           +80000 ────────┤ IN     OUT ├─VD100
```

符号	地址	注释
从左边运行到右边	M0.5	

网络 14

步进电机从右边工位移动到左边工位，移动距离是10cm，需要80000个脉冲。

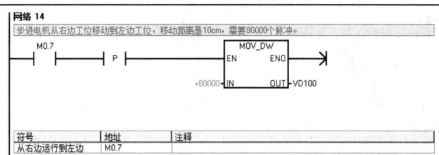

符号	地址	注释
从右边运行到左边	M0.7	

网络 15

步进电机方向控制，Q0.2=0时向右运行，Q0.2=1时向左运行

符号	地址	注释
从右边运行到左边	M0.7	
从原点到左边	M0.3	
复位回原点	M0.1	

网络 16

步进电机往复运行的触发条件是M3.0，启动条件是：复位回右限位/复位回原点/从原点到左工位/从左工位到右工位/从右工位到左工位

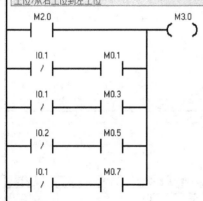

符号	地址	注释
从右边运行到左边	M0.7	
从原点到左边	M0.3	
从左边运行到右边	M0.5	
复位回原点	M0.1	
右限位	I0.2	
左限位	I0.1	

网络 17

伺服电机运行的条件是步进电机运行到左工位并延时1s，运行到右工位延时1s，启动伺服电机

```
   T37              M3.1
───┤ ├─────────────( )───
    │
   T38
───┤ ├──┘
```

网络 18

调用子程序0，Q0.0发脉冲给步进电机驱动器

```
   M3.0      I0.4              ┌──────────┐
───┤ ├───────┤/├──────────────┤   SBR_0  │
                              │EN        │
                              └──────────┘
```

符号	地址	注释
停止按钮	I0.4	

网络 19

调用子程序1，停止发脉冲，步进电机停止，启动条件是：按下停止按钮/没触发运行条件/脉冲发送完成/到达限位

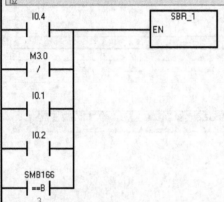

```
   I0.4                       ┌──────────┐
───┤ ├───────┬────────────────┤   SBR_1  │
             │               │EN        │
   M3.0      │               └──────────┘
───┤/├───────┤
             │
   I0.1      │
───┤ ├───────┤
             │
   I0.2      │
───┤ ├───────┤
             │
  SMB166     │
───┤==B├─────┘
    3
```

符号	地址	注释
停止按钮	I0.4	
右限位	I0.2	
左限位	I0.1	

网络 20

调用子程序2，Q0.1发脉冲给伺服电机驱动器，驱动伺服电机逆时针旋转360度

```
   M3.1      I0.4              ┌──────────┐
───┤ ├───────┤/├──────────────┤   SBR_2  │
                              │EN        │
                              └──────────┘
```

符号	地址	注释
停止按钮	I0.4	

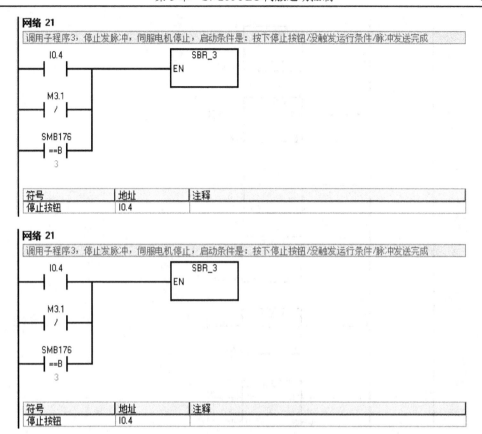

网络 21

调用子程序3，停止发脉冲，伺服电机停止，启动条件是：按下停止按钮/没触发运行条件/脉冲发送完成

符号	地址	注释
停止按钮	I0.4	

网络 21

调用子程序3，停止发脉冲，伺服电机停止，启动条件是：按下停止按钮/没触发运行条件/脉冲发送完成

符号	地址	注释
停止按钮	I0.4	

图 3.30　案例 4 的 PLC 主程序 Main

(2) 子程序 SBR0 如图 3.31 所示。

网络 1

PTO设置成多段管线时，PLC自动从V存储器区的包络表中读出多个脉冲串的特性并顺序发送脉冲。包络表使用8字节保存一个脉冲串的属性，包括1个字长的起始周期值，1个字长的周期增量值和1个双字长的脉冲个数。
VB500：PTO的管线段数=3；
VW501：加速段的起始周期值=500；
VW503：加速段的周期增量=-2，周期减小，速度增加；
VD505：加速段的脉冲个数=200；
VW509：恒速段的起始周期值=100；
VW511：恒速段的周期增量=0，周期不变，速度不变；
VD513：恒速段的脉冲个数=VD100；
VW517：减速段的起始周期值=100；
VW519：减速段的周期增量=+2，周期增加，速度降低；
VD521：减速段的脉冲个数=200；

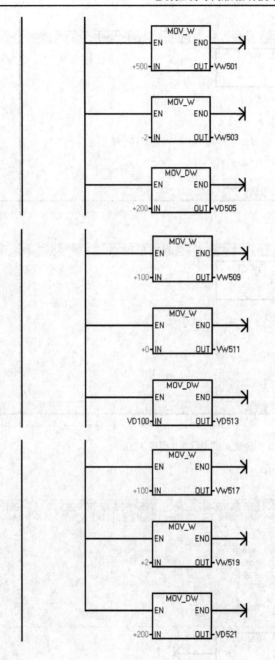

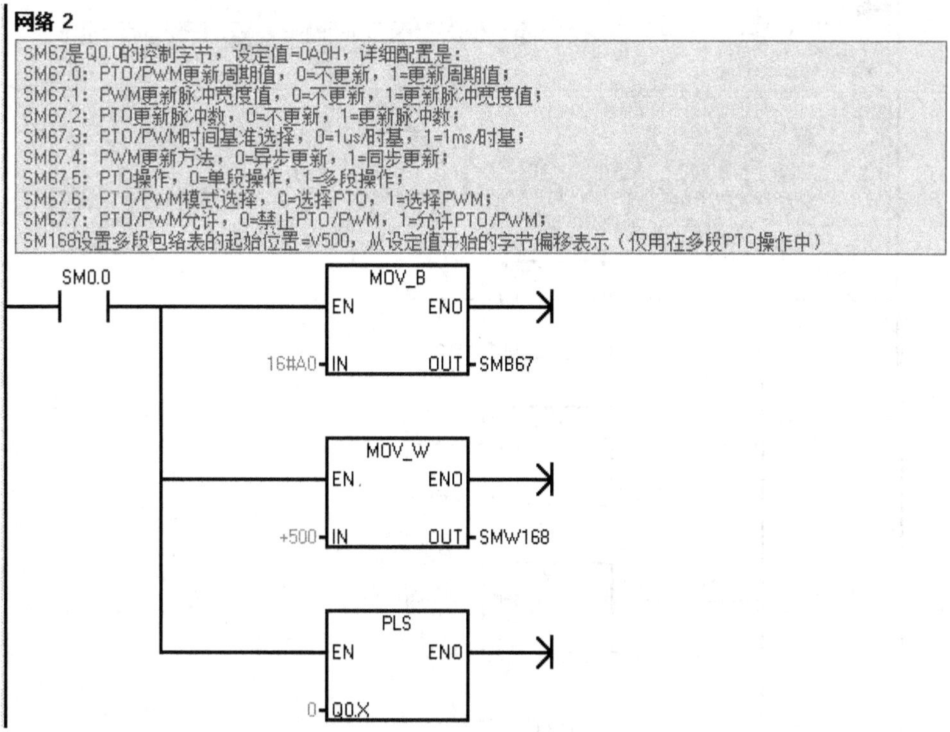

网络 2
SM67是Q0.0的控制字节，设定值=0A0H，详细配置是：
SM67.0：PTO/PWM更新周期值，0=不更新，1=更新周期值；
SM67.1：PWM更新脉冲宽度值，0=不更新，1=更新脉冲宽度值；
SM67.2：PTO更新脉冲数，0=不更新，1=更新脉冲数；
SM67.3：PTO/PWM时间基准选择，0=1us/时基，1=1ms/时基；
SM67.4：PWM更新方法，0=异步更新，1=同步更新；
SM67.5：PTO操作，0=单段操作，1=多段操作；
SM67.6：PTO/PWM模式选择，0=选择PTO，1=选择PWM；
SM67.7：PTO/PWM允许，0=禁止PTO/PWM，1=允许PTO/PWM；
SM168设置多段包络表的起始位置=V500，从设定值开始的字节偏移表示（仅用在多段PTO操作中）
SM0.0
MOV_B
EN
ENO
16#A0
IN
OUT
SMB67
MOV_W
EN
ENO
+500
IN
OUT
SMW168
PLS
EN
ENO
0
Q0.X

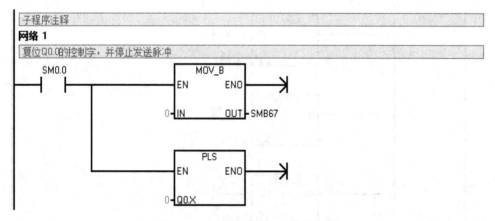

图 3.31　案例 4 的 PLC 子程序 SBR0

(3) 子程序 SBR1 如图 3.32 所示。

子程序注释
网络 1
复位Q0.0的控制字，并停止发送脉冲
SM0.0
MOV_B
EN
ENO
0
IN
OUT
SMB67
PLS
EN
ENO
0
Q0.X

图 3.32　案例 4 的 PLC 子程序 SBR1

(4) 子程序 SBR2 如图 3.33 所示。

网络 1

PTO设置成多段管线时，PLC自动从V存储器区的包络表中读出多个脉冲串的特性并顺序发送脉冲。包络表使用8字节保存一个脉冲串的属性，包括1个字长的起始周期值、1个字长的周期增量值和1个双字长的脉冲个数。

VB600：PTO的管线段数=3；
VW601：加速段的起始周期值=500；
VW603：加速段的周期增量=-2，周期减小，速度增加；
VD605：加速段的脉冲个数=200；
VW609：恒速段的起始周期值=100；
VW611：恒速段的周期增量=0，周期不变，速度不变；
VD613：恒速段的脉冲个数=360000；
VW617：减速段的起始周期值=100；
VW619：减速段的周期增量=+2，周期增加，速度降低；
VD621：减速段的脉冲个数=200；

SM0.0

```
        MOV_B
      EN    ENO
   3─IN    OUT─VB600
```

```
        MOV_W
      EN    ENO
 +500─IN    OUT─VW601
```

```
        MOV_W
      EN    ENO
   -2─IN    OUT─VW603
```

```
        MOV_DW
      EN    ENO
 +200─IN    OUT─VD605
```

```
        MOV_W
      EN    ENO
  +50─IN    OUT─VW609
```

```
        MOV_W
      EN    ENO
   +0─IN    OUT─VW611
```

```
        MOV_DW
      EN    ENO
360000─IN   OUT─VD613
```

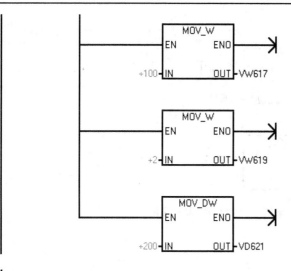

网络 2

SM77是Q0.1的控制字节，设定值=0A0H，详细配置是：
SM77.0: PTO/PWM更新周期值，0=不更新，1=更新周期值；
SM77.1: PWM更新脉冲宽度值，0=不更新，1=更新脉冲宽度值；
SM77.2: PTO更新脉冲数，0=不更新，1=更新脉冲数；
SM77.3: PTO/PWM时间基准选择，0=1us/时基，1=1ms/时基；
SM77.4: PWM更新方法，0=异步更新，1=同步更新；
SM77.5: PTO操作，0=单段操作，1=多段操作；
SM77.6: PTO/PWM模式选择，0=选择PTO，1=选择PWM；
SM77.7: PTO/PWM允许，0=禁止PTO/PWM，1=允许PTO/PWM；
SM178设置多段包络表的起始位置=V600，从设定值开始的字节偏移表示（仅用在多段PTO操作中）

图 3.33　案例 4 的 PLC 子程序 SBR2

(5) 子程序 SBR3 如图 3.34 所示。

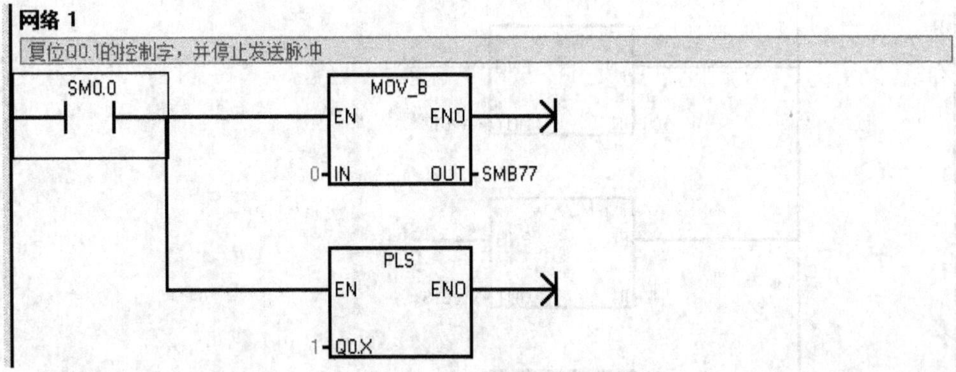

网络 1

复位Q0.1的控制字，并停止发送脉冲

图 3.34　案例 4 的 PLC 子程序 SBR3

第 4 章　SINAMICS T-CPU 与 S120 的运动控制

4.1　SINAMICS T-CPU 功能说明

4.1.1　SINAMICS T-CPU 概述

SIMATIC S7-300T-CPU 是专门用于满足复杂运动控制工艺要求的 S7-300 CPU，其最终的控制对象为伺服电机、步进电机、感应电机、液压比例阀等，如图 4.1 所示。

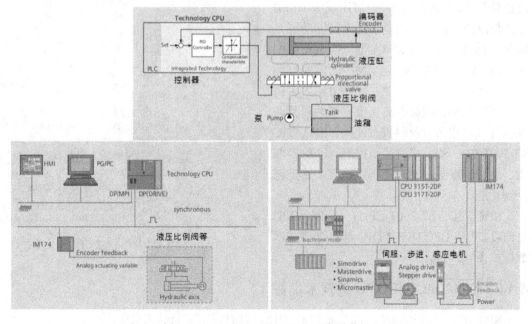

图 4.1　SIMATIC S7-300T-CPU 应用举例

西门子集成有运动控制功能的 SIMATIC S7-300T-CPU，是至今为止 SIMATIC S7 PLC 家族中最为实用的一款 CPU。这款产品一经问世，预示着西门子传统上需要借助 S7 CPU 加 FM353/354/357-2 定位模块，才可以在 S7 PLC 平台上实现运动控制功能时代的结束。

西门子 SIMATICS7-300T-CPU 可以理解为：集成了 FM 定位模板的标准 S7-300 CPU，所有的程序编制和开发都是借助西门子 STEP 7 软件环境，编程语言是用户所熟悉的 LAD、STL、FBD、SCL、Graph、CFC、SFC、HiGraph。所有的运动控制程序编制都是借助 STEP 7 编程库中的 S7-Tech Library(T-CPU 专用的运动控制指令库——FB 块)，符合 PLCopen 标准，方便用户直接使用现成的运动控制指令实现复杂的运动控制任务，可最大限度地降低工程与组态、调试和维护费用。由于这些标准功能块直接集成在 SIMATIC S7-300T-CPU Technology 系统固件中，因而占用 S7-CPU 的工作内存很少。

西门子传统上通过 S7 CPU 加 FM353/354/357-2 定位模块实现运动控制方案，用户不仅仅需要花费大量时间学习复杂的 NC 编程语言，还需要解决 S7 CPU 与 FM353/354/357-2 定位模块之间的通信程序编制，在系统维护方面也将投入大量编程工作。现在西门子将 SIMATIC S7-300T-CPU 作为运动控制器，这些问题均迎刃而解。

借助 SIMATIC S7-300T-CPU，用户可以通过最简单的编程方法——调用现成的 FB 运动控制指令块，实现复杂运动控制功能，同时还得到了所有的 SIMATIC S7-300 CPU 的功能。例如，微存储卡(MMC)功能允许免维护运行，无须后备电池，程序更新大大简化，因为 MMC 能够存储一个完整的项目，包括符号和注释以及参数。此外，SIMATIC S7-300T-CPU 还集成有运动控制、凸轮控制器、高速计数器，PID 控制器等诸多的工艺控制功能。

SIMATIC S7-300T-CPU 分为 CPU 315T-2 DP 和 CPU317T-2 DP，部分重要技术数据如图 4.2 所示。

		CPU 315T	CPU 317T
工艺对象			
工艺轴		8	32
凸轮盘		16	32
凸轮开关输出		16	32
测量输入		8	16
外部编码器		8	16
同时允许运行最多的工艺对象数量		32	64
产品性能			
工作循环时间（μs）	位操作	0.1	0.05
	字运算	0.2	0.2
	定点运算	2.0	0.2
	浮点运算	3.0	1.0
技术数据			
工作存储区		256 kByte	1024 kByte
标志位/定时器/计数器		16384/256/256	32768/512/512
块的总数（全部 FB + FC + DB）		1024	2048
块编号的范围		2048/2048/1023	2048/2048/2048

图 4.2　SIMATIC S7-300T-CPU 技术数据

4.1.2　SINAMICS T-CPU 的技术优势

SIMATIC S7-300T-CPU 与普通 PLC 相比，具有以下明显技术优势：

(1) SIMATIC S7-300T-CPU 分为 CPU 315T-2 DP 和 CPU317T-2 DP 两种类型，都是基于西门子 S7-300 PLC 标准 CPU 平台的运动控制器。所有程序的编制工作都是基于 STEP 7 软件环境(LAD、STL、FBD、SCL、Graph、CFC、SFC、HiGraph)完成的，大大节省了用户的学习、培训时间，商务方面的交货周期也可以得到保证。

(2) 西门子 SIMATIC PLC 工程师多年现场积累、调试成功的程序工艺块(FB、FC 程序块)，经过简单的拷贝、粘贴就可以在 T-CPU 中直接使用。

(3) 硬件中集成了 SIMATIC S7 PLC 和 SIMOTION 运动控制器双内核。两个控制器间的数据交换由硬件完成，不需要用户额外编制任何程序，节约了用户开发成本，缩短了系统编制程序、调试和维护的时间。

(4) 运动控制工艺开发过程中，工程师需要完成的主要任务有 SINAMICS 驱动器参数调试、运动控制程序编制以及 PLC 逻辑程序编制，这些都是在工程师所熟悉的 STEP 7 软件平台上完成的，因此工程师们不需要再重新学习复杂的编程语言，就可以胜任开发运动控制的工作。

(5) 位于 STEP 7 编程库中的 S7-Tech Library，符合 PLCopen 标准，方便用户直接使用现成的运动控制指令实现复杂的运动控制任务，可最大限度地降低工程与组态、调试和维护的费用。由于这些标准功能块直接集成在 SIMATIC S7-300T-CPU Technology 系统固件中，因而占用的 CPU 工作内存也很小。

(6) 通过接口 PROFIBUS DP(Drive)连接驱动器。该接口优化了 PROFIBUS DP 的报文结构，通过了 PROFIDRIVE V3 行规认证，组成基于 PROFIBUS DP 总线结构、分布式的运动控制系统。

(7) 既可以直接连接西门子的驱动器，也可以通过 IM174 接口模块连接非西门子的驱动器；既可以连接伺服驱动器(控制同步电机)、变频驱动器(控制异步电机)、步进驱动器(控制步进电机)，还可以控制液压伺服比例阀(液压伺服执行器)；既可以实现位置开环控制，也可以完成位置闭环控制；既可以实现速度控制，也可以实现精确的位置控制，还可以完成多轴间精确的位置同步控制。

(8) SIMATIC S7-300T-CPU 可用于 3 轴到 8 轴，最多 32 轴的精确速度控制、定位控制以及多轴之间的位置同步控制等。例如，链接形成虚拟或实际主站、齿轮、凸轮盘控制以及印刷标记点修正。对于运动控制同步应用中的分布式工艺轴，SIMATIC S7-300T-CPU 使用时钟同步 PROFIBUS DP 总线来控制高速实时的生产过程。

4.1.3　SINAMICS T-CPU 的主要技术特点

SIMATIC S7-300T-CPU 具有以下两个集成的 PROFIBUS 接口：

(1) DP/MPI 接口：可参数化为 MPI 或 DP 接口(DP 的主站或从站)。

(2) DP(DRIVE)接口：用于连接驱动组件，同时具有 DP 时钟同步特性。

　　DP/MPI 接口用于连接其他 SIMATIC PLC 系统组件，如编程器、OP、S7 PLC 控制器以及分布式 I/O。如果用作 DP 接口，还可扩展更广泛的网络。

　　DP(DRIVE)接口优化用于连接带 PROFIBUS 的驱动系统，支持所有主要的西门子驱动系统。该接口通过 PROFIDrive 行规 V3 认证。具有 DP 时钟同步特性，还可实现高速生产过程的高质量位置同步控制。

　　此外，SIMATIC S7-300T-CPU 本体集成有高速输入/输出(其中，CPU31xT-2 DP 有 4 点数字量输入、8 点数字量输出用于运动控制工艺功能)。例如，BERO 开关找寻参考点、左右移动机械极限位置保护、凸轮开关高速输出等等。

　　SIMATIC S7-300T-CPU 可以通过 Profifibus DP 组成分布式的运动控制系统，如图 4.3 所示。

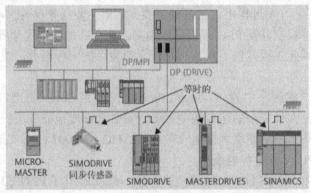

图 4.3　通过 Profifibus DP 组成分布式的运动控制系统

　　SIMATIC S7-300T-CPU 也可以连接 IM 174 接口模块，通过 Profifibus DP 组成分布式的运动控制系统，如图 4.4 所示。它还可以连接非西门子伺服驱动器，组成高性价比的运动控制系统；亦可以连接液压伺服驱动或者连接步进电机驱动器。

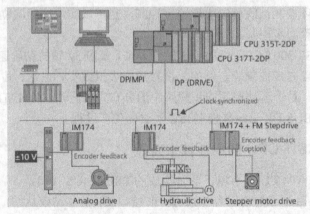

图 4.4　通过连接 IM 174 接口模块组成分布式的运动控制系统

4.1.4　接口模块 IM174

IM174 是 SIMATIC S7-300T-CPU 重要的接口模块。S7-300T-CPU 通过 IM174 接口模块，帮助用户借助模拟量接口或者高速脉冲接口将非西门子的驱动器、液压执行机构，接入到西门子全集成自动化(Totally Integrated Automation，TIA)中，帮助用户优化系统成本。每个 IM174 模块可以输出 4 个独立的模拟量给定信号或者 4 路独立的高速脉冲输出(步进电机控制接口)。编码器类型可以选择 4 个 TTL 增量型编码器或者 4 个 SSI 绝对值编码器。本体集成有 8 个数字量输出、10 个数字量输入，用于运动控制功能。IM174 模块如图 4.5 所示。

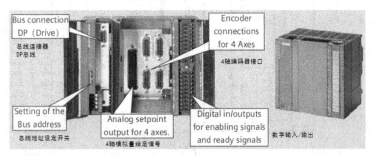

图 4.5　IM174 接口模块

IM174 模块的接口模块接线管脚示意图如图 4.6 所示，其接口模块接线管脚说明如表 4.1 所示。

表 4.1　IM174 接口模块接线管脚说明

编号	标识	类　型
①	ON/EXCH/TEMP/RDY	诊断 LED
②	BUS ADDRESS	DIP 开关，对应于 A_H=10（十进制）
③	DC 24 V	外部电源
④	X1	PROFIBUS 连接
⑤	X2	模拟设定值输出：±10 V DC，轴 1~4 或步进电机输出 1~4
⑥	X3	轴 1 的编码器连接
⑦	X4	轴 2 的编码器连接
⑧	X5	轴 3 的编码器连接
⑨	X6	轴 4 的编码器连接
⑩	X11	数字输出信号的连接
⑪	X11	数字输入信号的连接
⑫		数字输入/数字输出的状态 LED（信号电平的 LED 显示）

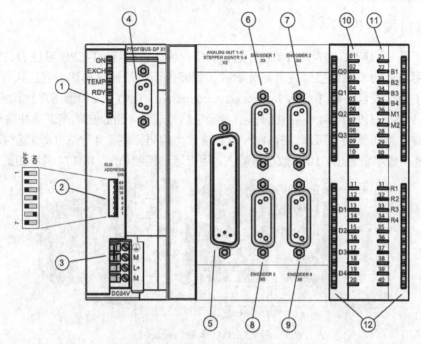

图 4.6　IM174 接口模块接线管脚示意图

通过 IM174 模块组成的运动控制系统应用案例如图 4.7 所示。

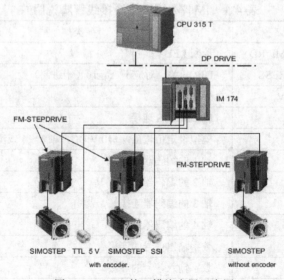

图 4.7　IM174 接口模块应用示意图

4.2　SINAMICS S120 功能说明

SINAMICS S120 作为西门子 SINAMICS 驱动系列之一,可以提供高性能的单轴和双轴驱动,模块化的设计可以满足应用中日益增长的对驱动系统轴数量和性能的要求。SINAMICS S120 控制系统将矢量控制与伺服控制集于一体,包括用于单轴的 AC/AC 变频器和用于公共直流母线的 DC/AC 逆变器。

1. AC/AC 单轴驱动器

单轴控制的 AC/AC 变频器通常又称为 SINAMICS S120 单轴交流驱动器,其结构形式为将电源模块和电机模块集成在一起,即集整流与逆变于一体,能够实现通常的 V/F 控制、矢量控制,又能实现高精度、高性能的伺服控制功能。它不仅能控制普通的三相异步电机,还能控制异步与同步伺服电机、扭矩电机及直线电机,并且具有强大的定位功能,可以实现进给轴的绝对、相对定位,特别适用于单轴的速度和定位控制。

SINAMICS S120 单轴交流驱动器由控制单元和功率模块组成。

(1) 控制单元:CU310 DP 或 CU310 PN。CU310 DP 控制器如图 4.8 所示。CU310 DP 控制单元通过 PM-IF 接口连接模块型 PM340,其他 Drive-CLiQ 组件(如传感器接口模块或端子扩展模块)通过 Drive-CLiQ 连接。可使用 BOP20 基本型操作面板更改参数设置,在操作过程中还可将 BOP20 面板安装到 CU310 DP 控制单元上进行诊断。

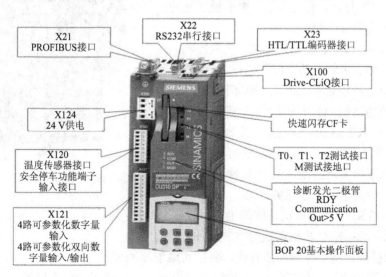

图 4.8　CU310 DP 的硬件结构图

(2) 功率模块：PM340。功率模块 PM340 内部集成了电源模块和电机模块，有多种类型，如图 4.9 所示。

图 4.9 PM 340 功率模块

2. DC/AC 多轴驱动器

公共直流母线的 DC/AC 逆变器通常又称为 SINAMICS S120 多轴驱动器，其结构形式为电源模块和电机模块分开，如图 4.10 所示。一个电源模块将三相交流电整流成 540 V 或 600 V 的直流电，将电机模块(一个或多个)都连接到该直流母线上，特别适用于多轴控制，尤其是造纸、包装、纺织、印刷、钢铁等行业。其优点是各电机轴之间的能量共享，接线方便、简单。

SINAMICS S120 是集 V/F 控制、矢量控制、伺服控制为一体的多轴驱动系统，具有模块化的设计，各模块间(包括控制单元模块、整流/回馈模块、电机模块、传感器模块和电机编码器等)通过高速驱动接口 Drive-CLiQ 相互连接。以 SINAMICS S120 多轴驱动器为例，其核心控制单元 CU320 在速度控制模式下最多能控制 4 个矢量轴或 6 个伺服轴，可以完成简单的工艺任务。

图 4.10 SINAMICS S120 多轴驱动器

SINAMICS S120 多轴驱动系统的主要组成部分如下：

(1) 控制单元：整个驱动系统的控制部分。

(2) 电源模块：将交流转变成直流，并能实现能量回馈。

(3) 电机模块(也称功率模块)：单轴或双轴模块，作为电机的供电电源。

(4) 传感器模块：将编码器信号转换成 Drive-CLiQ 可识别的信号，若电机含有 Drive-CLiQ 接口，则不需要此模块。

(5) 直流 +24 V 电源模块：用于系统控制部分的供电。

(6) 端子模块和选件板：根据需要可连接或插入 I/O 板和通信板。

SINAMICS S120 可完成工业应用领域中的各种驱动任务，因其采用模块化设计方式、大量部件和功能相互之间具有协调性，因此用户可以组合成最佳的方案。SINAMICS S120 多轴驱动器的典型结构如图 4.11 所示。

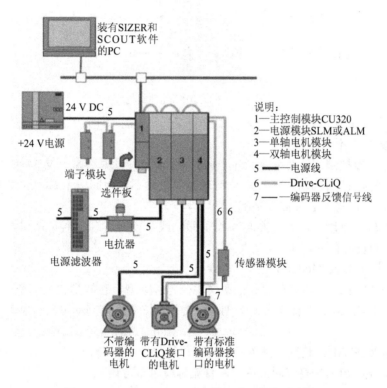

图 4.11　SINAMICS S120 多轴驱动器的典型结构

1) 控制单元(CU320)

CU320 作为 SINAMICS S120 多轴驱动器的控制单元，负责控制和协调系统中所有的模块，完成各轴的电流环、速度环甚至是位置环的控制，并且同一块 CU320 控制的各轴之间能相互交换数据，即任意一根轴可以读取控制单元上其他轴的数据，这一特征可以被用作各轴之间数据的简单同步。CU320 的硬件结构如图 4.12 所示。

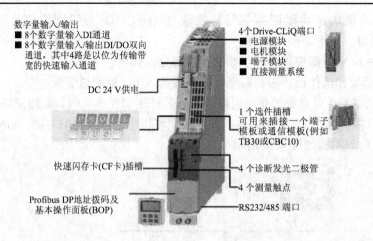

数字量输入/输出
■ 8个数字量输入DI通道
■ 8个数字量输入/输出DI/DO双向
　通道,其中4路是以位为传输带
　宽的快速输入通道

DC 24 V供电

4个Drive-CLiQ端口
■ 电源模块
■ 电机模块
■ 端子模块
■ 直接测量系统

1个选件插槽
可用来插接一个端子
模板或通信模板(例如
TB30或CBC10)

快速闪存卡(CF卡)插槽

Profibus DP地址拨码及
基本操作面板(BOP)

4个诊断发光二极管

4个测量触点

RS232/485 端口

图 4.12　CU320 的硬件结构图

根据所连接外围 I/O 模块的数量、轴控制模式、所需功能及 CF 卡的不同,1 个 CU320 可控制的轴数量也不同。

(1) 用作速度控制:最大可控制 6 个伺服轴、4 个矢量轴和 8 个 V/F 轴。实际控制轴数与 CU320 的负荷(即所选功能)有关。伺服轴和矢量轴不能用同一个 CU320 来控制,但伺服轴和矢量轴都可以与 V/F 轴混合搭配。

(2) 用作位置控制:最大可控制 4 个伺服轴或 2 个矢量轴。控制的轴数不是绝对的,也与 CU320 的负荷有关。

2) 电源模块(Line Module)

SINAMICS S120 多轴驱动器的电源模块分为基本型、智能型和主动型三种。

(1) 基本型(BLM):整流单元,但无回馈功能,依靠连接制动单元和制动电阻来实现快速制动。

(2) 智能型(SLM):整流回馈单元,直流母线电压不可调。

(3) 主动型(ALM):整流回馈单元,直流母线电压可调。

3) 电机模块(Motor Module)

电机模块即逆变单元,分为书本型和装机装柜型。其中,书本型又分为单轴电机模块和双轴电机模块。

4.3　SINAMICS T-CPU 与 S120 的基本案例

本案例所配置硬件如下:

(1) 1 个 S7-300 站点,由以下部分组成:

① 电源模块(PS)；

② 插入 MMC(4MB 或更大)的 CPU 317T-2 DP；

③ 带有总线连接器的可选的数字量输入模块(DI)；

④ 带有总线连接器的可选的数字量输出模块(DO)；

⑤ 两个可选的用于数字量模块的前连接器。

(2) 1 台具有 MPI 接口的 PG，并且该 PG 已正确安装了下列软件包和调试工具：

① STEP 7 V5.3 SP3 和更高版本；

② S7-Technology V3.0 SP2 和更高版本。

(3) 1 根 PROFIBUS 电缆(通过 MPI/DP 接口将 PG 连接到 CPU)；

(4) 1 台 SINAMICS S120(通过 DP 接口连接到 CPU 317T-2 DP)；

(5) 1 台有增量编码器的伺服电机；

(6) 1 台有 Drive-CLiQ 接口和绝对编码器的伺服电机。

本案例的硬件组成结构如图 4.13 所示。

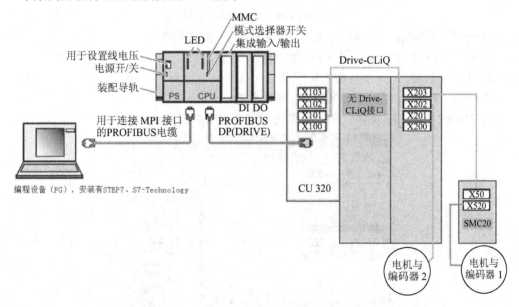

图 4.13　硬件结构组成

1. 组态 CPU 317T-2 DP

(1) 在 SIMATIC 管理器(例如 "GS_317T-2DP_with_S120")中创建新的项目并添加一个 SIMATIC 300 站点。

(2) 通过选择 "SIMATIC 300" 站点并双击 "Hardware"(硬件)打开 HW Config。

(3) 打开"Hardware Catalog"(硬件目录)并在"Profile"(配置文件)下拉列表中选择"SIMATIC Technology-CPU"硬件配置文件，如图 4.14 所示。

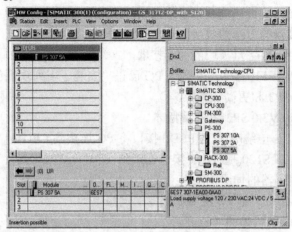

图 4.14　Hardware Catalog 窗口

(4) 在 HW Config 的站窗口中通过拖放插入一个装配导轨。

(5) 将"PS 307 5A"电源模块拖放到装配导轨上。

(6) 通过拖放将 T-CPU 添加到装配导轨。

(7) 设置 DP(驱动器)的 PROFIBUS 属性并确认。

(8) 添加数字输入模块和数字输出模块，完成的布局如图 4.15 所示。

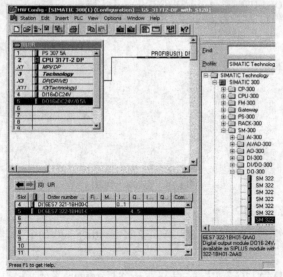

图 4.15　组态界面

2. 更改 MPI/DP 接口的传输速率

(1) 双击打开 HW Config 中的 MPI/DP 接口(X1)，打开"Properties-MPI/DP"(属性-MPI/DP)对话框。

(2) 单击"Properties"(属性)，打开"Properties-MPI interface MPI/DP"(属性-MPI 接口 MPI/DP)对话框。

(3) 单击 MPI(1)，然后单击"Properties"(属性)，打开"Properties-MPI"(属性-MPI)对话框。

(4) 选择"Network settings"(网络设置)标签，并选择传输速度"1.5 Mb/s"。

(5) 当 CPU 处于 STOP 状态时，选择 PLC→Download(下载)以下载组态。选择 CPU，然后单击"OK"按钮进行确认。

(6) "Select node address"(选择节点地址)对话框中 MPI 接口的默认传输速率为 187 kb/s，单击"OK"按钮确认，数据将从 PG/PC 下载到 CPU 中。

3. DP(驱动器)组态中至关重要的设置

(1) 在 HW Config 中双击"X3 DP(DRIVE)"(X3 DP[驱动器])，打开"Properties-DP(DRIVE)"(属性-DP [驱动器])对话框。

(2) 单击"Properties"(属性)按钮，打开"Properties-PROFIBUS interface DP(DRIVE)"(属性-PROFIBUS 接口 DP[驱动器])对话框。

(3) 输入 PROFIBUS 地址"2"。

(4) 单击"New"(新建)以创建新 PROFIBUS 子网。打开"Properties-New PROFIBUS subnet"(属性-新建 PROFIBUS 子网)对话框。

(5) 在下一个对话框的"Network settings"(网络设置)标签中，设置 PROFIBUS 网络的传输速率为 12 Mb/s。保持子网的"DP"配置文件设置。

(6) 单击"OK"按钮。

4. 生成技术系统数据

(1) 双击装配导轨上的"Technology"(技术)，打开"Properties-Technology"(属性-技术)对话框。

(2) 选择"Technology system data"(技术系统数据)标签，然后设置"Generate technology system data"(生成技术系统数据)复选框，单击"OK"按钮确认，如图 4.16 所示。

5. 使用 HW Config 组态驱动器

(1) 在 HW 目录中，打开树形结构 SIMATIC Technology(SIMATIC 技术)→PROFIBUS DP(DRIVE)(PROFIBUS DP[驱动器])→Drives(驱动器)→SINAMICS。

(2) 从 HW 目录的树形结构中选择驱动器组件"SINAMICS S120"，如图 4.17 所示。

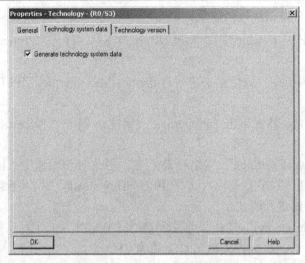

图 4.16 生成技术系统数据

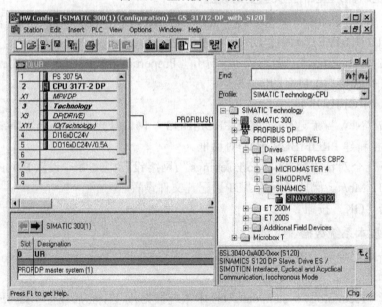

图 4.17 HW Config 中选择 S120

(3) 将该组件拖放到 DP(驱动器)的主站系统，打开"Properties-PROFIBUS interface SINAMICS"(属性-PROFIBUS 接口 SINAMICS)对话框。

(4) 输入 PROFIBUS 地址"4"，然后单击"OK"按钮确认。打开"Properties- SIMOTION drive"(属性-SIMOTION 驱动器)对话框。

(5) 为 SINAMICS 选择适当的驱动器版本，然后单击"OK"按钮确认，如图 4.18 所示。

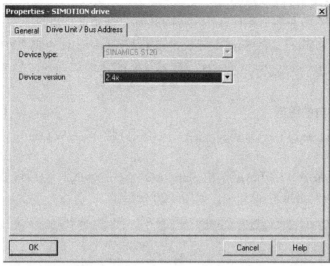

图 4.18　选择合适的驱动器版本

(6) 打开"DP Slave Properties"(DP 从站属性)对话框，选择"Clock Synchronization"(时钟同步)标签，打开"Clock Synchronization"(时钟同步)对话框。

(7) 设置"Synchronize drive with equidistant DP cycle"(用等时 DP 模式去同步驱动)，然后设置时间系数，如图 4.19 所示。

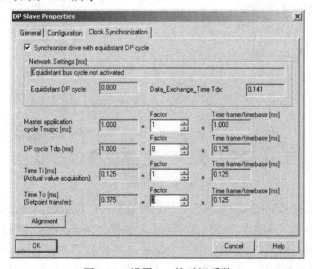

图 4.19　设置 DP 的时间系数

(8) 单击"Alignment"调整下列组件为设定值：

① DP 主站系统中的 DP 模式；

② 调整同一系列(此处为 SINAMICS)的所有驱动器组件为设定值。

(9) 通过调用 Station(站)→Save and compile(保存并编译)命令完成 HW 组态。系统会编译项目，并将"Technological Objects"(技术对象)对象添加到 SIMATIC 管理器的项目窗口中。

6. PG/PC 接口的组态

(1) 使用 Options(选项)→Configure network(组态网络)在 HW Config 中启动 NetPro 网络组态程序。

(2) 在 HW 目录中，打开树形结构 Stations(站点)→PG/PC，然后将 PG/PC 站点拖放到"Network View"(网络视图)窗口中，如图 4.20 所示。

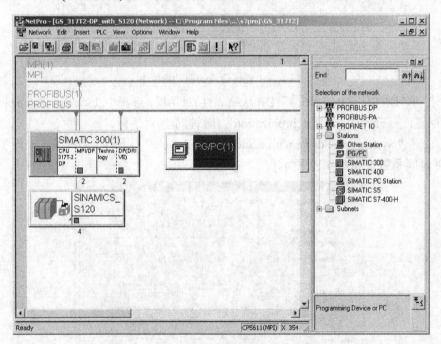

图 4.20　添加 PG/PC

(3) 选择新插入的 PG/PC 组件，单击"Edit"(编辑)→"Object properties..."(对象属性...)，打开"Properties-PG/PC"(属性-PG/PC)对话框，选择"Properties- PG/PC"(属性- PG/PC)对话框中的"Interfaces"(接口)标签。单击"New..."按钮打开"New Interface-Type Selection"(新建接口-类型选择)对话框，选择"MPI"，然后单击"OK"按钮确认，如图 4.21 所示。

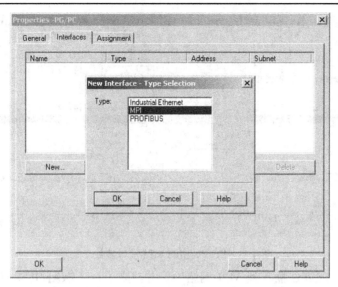

图 4.21　新建接口-类型选择

(4) 在"Properties - MPI interface"(属性- MPI 接口)对话框中，选择地址"1"和"MPI(1)"(MPI 网络)，单击"OK"按钮确认输入，如图 4.22 所示。

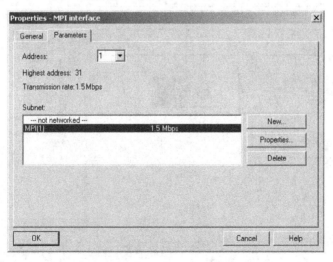

图 4.22　设置 MPI 网络地址

(5) 选择"Properties - PG/PC"(属性-PG/PC)对话框中的"Assignment"(分配)标签。通过单击"Assign"(分配)将 PG/PC 中的 MPI 接口参数分配至已组态的接口，单击"OK"按钮完成组态，如图 4.23 所示。

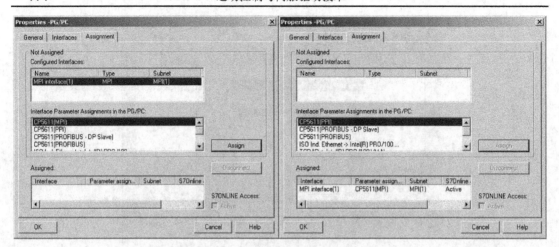

图 4.23　PG/PC 中的 MPI 接口参数分配

(6) 现在已将 PG/PC 插入到 MPI 网络中，并建立了与 SINAMICS 控件交换数据的条件，如图 4.24 所示。

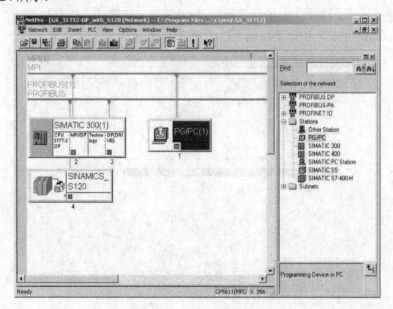

图 4.24　已添加 PG/PC

(7) 通过调用 Network(网络)→Save and Compile(保存并编译)命令来完成网络组态。选择 "Compile and check everything"(编译并检查全部)，然后单击 "OK" 按钮确认，如图 4.25 所示。

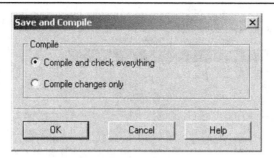

图 4.25　保存编译

(8) 通过调用 Network(网络)→Exit(退出)命令来关闭 NetPro 组态程序，如图 4.26 所示。

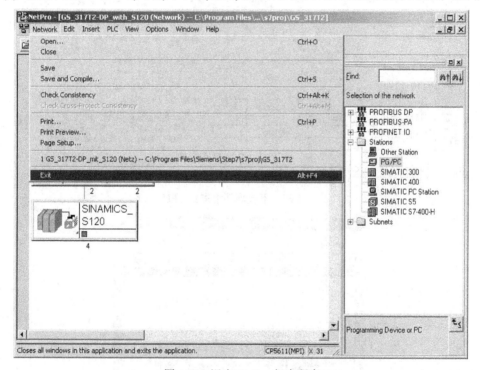

图 4.26　退出 NetPro 组态程序

7. 将硬件组态下载到目标硬件中

(1) 切换回 HW Config，通过调用 PLC→Download...(下载...)命令将硬件组态下载到 CPU 中，如图 4.27 所示。

(2) 选择"CPU317T-2DP"，然后单击"OK"按钮确认，如图 4.28 所示。

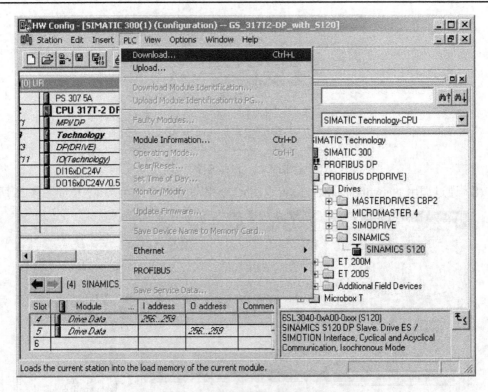

图 4.27　下载硬件组态到 CPU

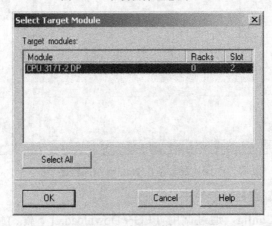

图 4.28　选择目标 PLC

(3) 输入目标地址的 MPI 地址，然后单击"OK"按钮确认，如图 4.29 所示。现在，数据从 PG 下载到 CPU 中，还可以通过调用 Station(站)→Exit(退出)命令关闭 HW Config。

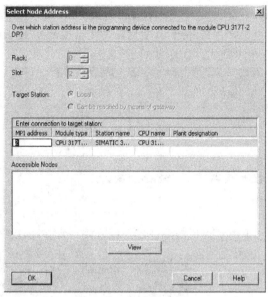

图 4.29　输入 MPI 地址

8. 使用 S7T Config 组态 S120

(1) 在 SIMATIC 管理器中，双击"Technological Objects"(技术对象)打开 S7T Config，弹出"Technological Objects Management"(技术对象管理)窗口。如果尚未组态任何技术对象(如该实例所示)，系统将自动运行 S7T Config，如图 4.30 所示。也可以不使用"Technology Objects Management"来运行 S7T Config。选择"Technology Objects"对象，然后选择"Options"(选项)→"Configure technology"(组态技术)命令。

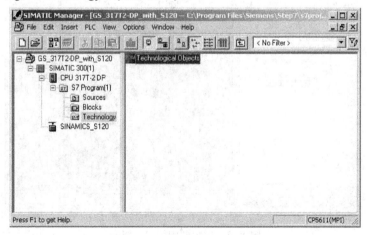

图 4.30　启动 S7T Config 窗口

(2) 通过选择"Project"(项目)→"Save and recompile all"(全部保存并重新编译)命令保存当前项目数据。通过选择"Project"(项目)→"Connect to target system"(连接到目标系统)命令将模式更改为在线模式，如图 4.31 所示。

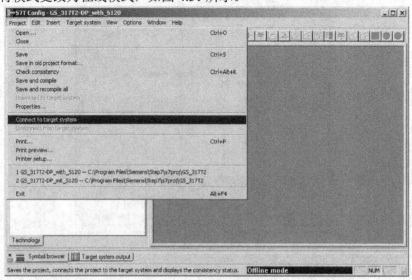

图 4.31　连接到目标系统

(3) 在项目浏览器中，打开树形结构 SIMATIC 300(1)→Technology(技术)→SINAMICS_S120→Automatic configuration(自动组态)。通过双击"Automatic configuration"(自动组态)打开自动组态，如图 4.32 所示。

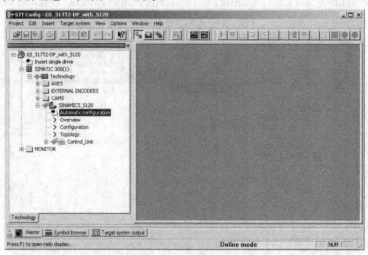

图 4.32　树状图中的自动组态

(4) 通过单击"Start automatic configuration"(启动自动组态)按钮，在"Automatic Configuration"(自动组态)对话框中启动自动组态，如图 4.33 所示。

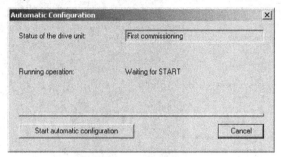

图 4.33　启动自动组态

(5) 将两个电机的驱动对象类型均设置为"Servo"(伺服)，然后单击"Finish"按钮退出该对话框，如图 4.34 所示。通过单击"Close"按钮关闭"Automatic Configuration"(自动组态)对话框。

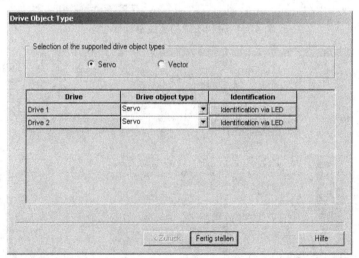

图 4.34　设置驱动对象类型

(6) 通过选择 Project(项目)→Disconnect from target system(断开到目标系统的连接)命令将模式更改为离线模式。

(7) 首先配置 Servo_03，在项目浏览器中打开树形结构，选择 SIMATIC 300(1)→Technology(技术)→SINAMICS_S120→Drives(驱动器)→Servo_03→Configuration(组态)，如图 4.35 所示。

(8) 通过双击"Configuration"(组态)打开离线驱动器组态，如图 4.36 所示。

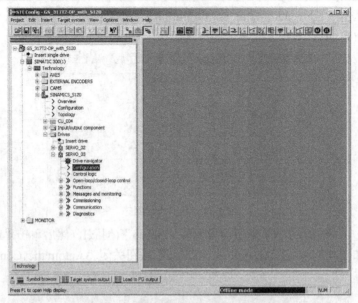

图 4.35 树状图中的离线驱动器组态

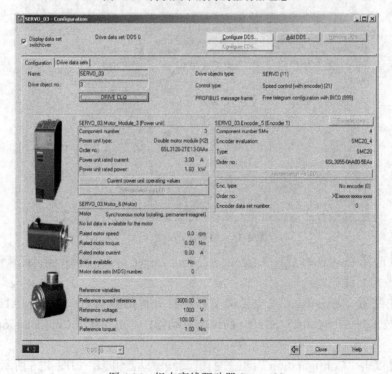

图 4.36 组态离线驱动器 Servo_03

(9) 单击"Configure DDS..."(组态 DDS...)按钮以启动组态，接受默认设置，然后单击
"Continue >"(继续>)按钮，如图 4.37 所示。

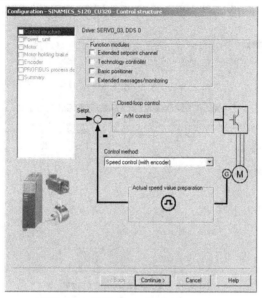

图 4.37　设置 DDS(Drive Data Set)

(10) 动力装置具有 Drive-CLiQ 技术并已正确组态。选择订货号，然后单击"Continue >"
(继续>)按钮，如图 4.38 所示。

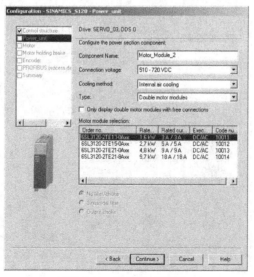

图 4.38　设置动力装置

(11) 单击类矩形按钮,然后在 TB30_04 右键快捷菜单中选择输入数字 0(该值对应于参数 r4022,位 0),再单击"Continue >"按钮,如图 4.39 所示。

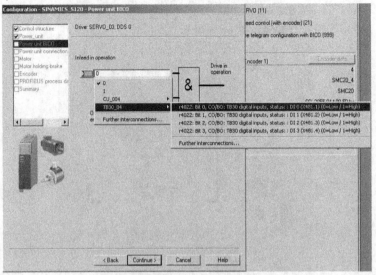

图 4.39　设置 Infeed in operation

(12) 没有完整 Drive-CLiQ 技术的电机被连接至动力装置的终端 X2,单击"Continue>"按钮,如图 4.40 所示。

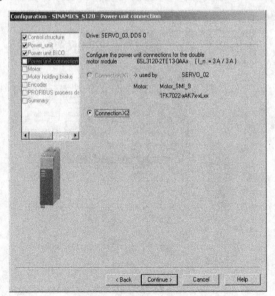

图 4.40　配置电机连接终端

(13) 选择 "Without holding brake" (无恒速制动)，然后单击 "Continue >" 按钮，如图 4.41 所示。

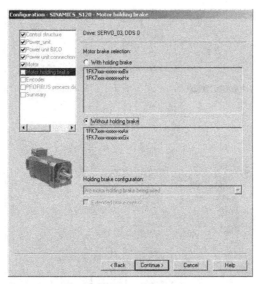

图 4.41　设置制动

(14) 选择电机型号 "1FK7xxx-xxxxx-xAxx"，然后单击 "Continue >" 按钮，如图 4.42 所示。

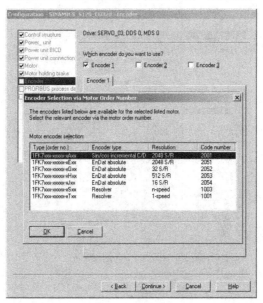

图 4.42　选择电机型号

(15) 将 PROFIBUS 消息帧设置为"SIEMENS telegram 105.PZD—10/10"(SIEMENS 报文 105.PZD—10/10),如图 4.43 所示。

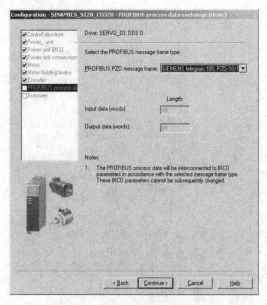

图 4.43　设置 PROFIBUS 消息帧

(16) 单击"Continue >"按钮,如图 4.44 所示。

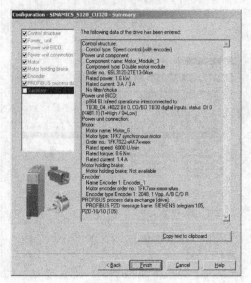

图 4.44　配置明细

(17) 已完成驱动器的离线组态。单击"Finish"按钮退出驱动器的离线组态，如图 4.45 所示。单击"Close"按钮关闭对话框。

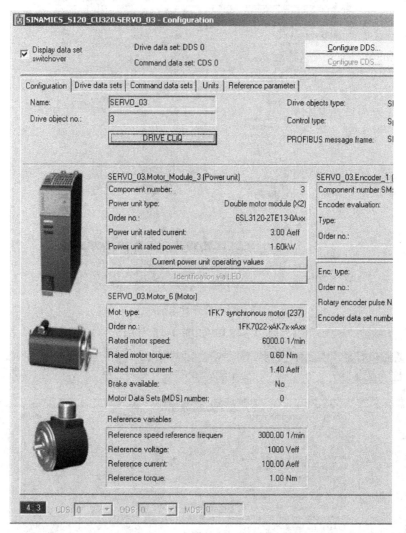

图 4.45　完成驱动器离线组态

(18) 在项目浏览器中打开树形结构 SIMATIC 300(1) → Technology(技术) → SINAMICS_S120→Drives(驱动器)→Servo_03。单击右键打开快捷菜单，选择 Expert(专家) →Expert list(专家列表)，如图 4.46 所示。

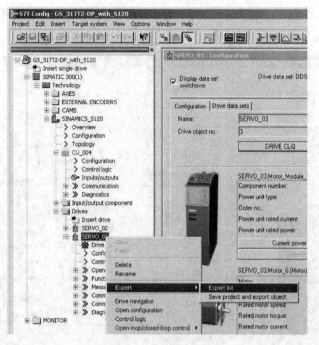

图 4.46　打开专家列表

(19) 选择参数 "p210" 并输入 "345"，如图 4.47 所示。

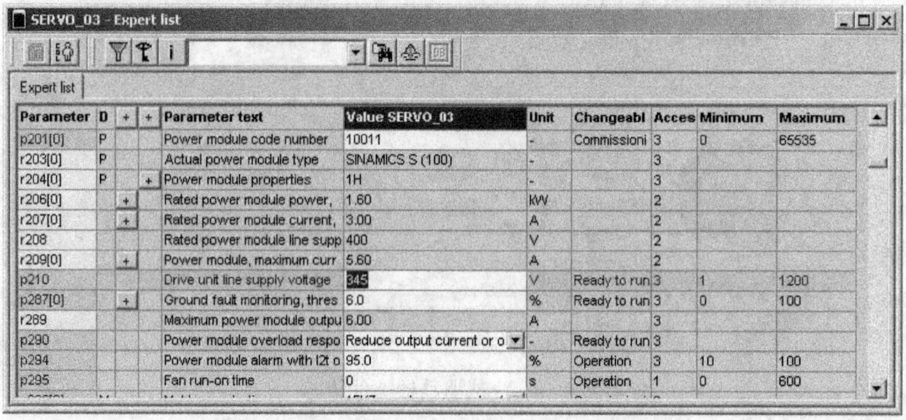

图 4.47　设置设备连接电压 SERVO/VECTOR

(20) 配置 SERVO_02，在项目浏览器中打开树形结构 SIMATIC 300(1)→Technology(技术)→ SINAMICS_S120 → Drives(驱动器) → SERVO_02 → Configuration(组态)，双击 "Configuration" (组态)打开离线驱动器组态，如图 4.48 所示。

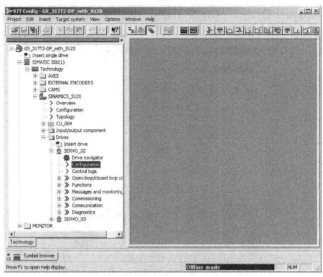

图 4.48　在树状图中选择组态 SERVO_02

(21) 通过双击"Configuration"(组态)打开离线驱动器组态，如图 4.49 所示。

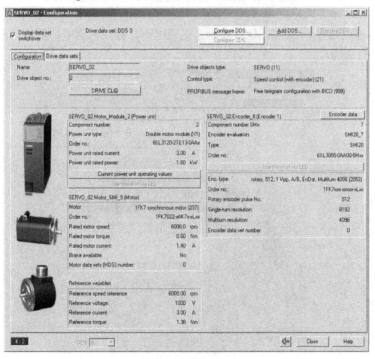

图 4.49　组态离线驱动器 SERVO_02

(22) 单击"Configure DDS…"(组态 DDS…)按钮以启动组态，选择默认设置，然后单击"Continue >"按钮，如图 4.50 所示。

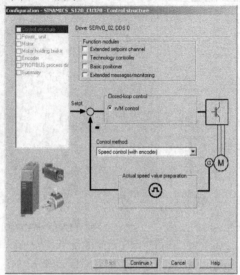

图 4.50　设置 DDS(Drive Data Set)

(23) 动力装置具有 Drive-CLiQ 技术并已正确组态。选择订货号，然后单击"Continue >"按钮，如图 4.51 所示。

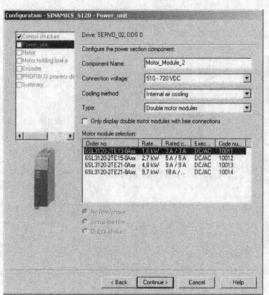

图 4.51　设置动力装置

(24) 单击类矩形按钮，然后在 TB30_04 右键快捷菜单中选择输入数字 0(该值对应于参数 r4022，位 0)，再单击"Continue >"按钮，如图 4.52 所示。

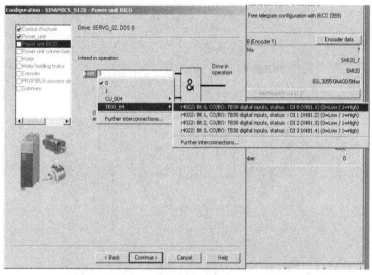

图 4.52　设置 Infeed in operation

(25) 没有完整 Drive-CLiQ 技术的电机被连接至动力装置的终端 X2，单击"Continue>"按钮，如图 4.53 所示。

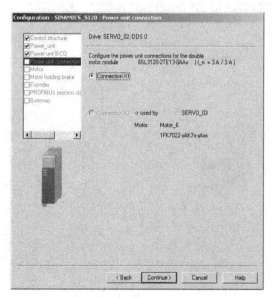

图 4.53　配置电机连接终端

(26) 选择"Without holding brake"(无恒速制动)，然后单击"Continue >"按钮，如图 4.54 所示。

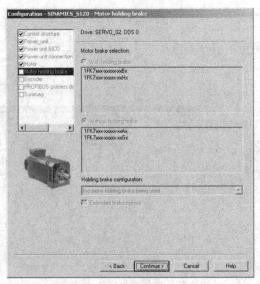

图 4.54　设置制动

(27) 单击"Continue>"按钮，如图 4.55 所示。

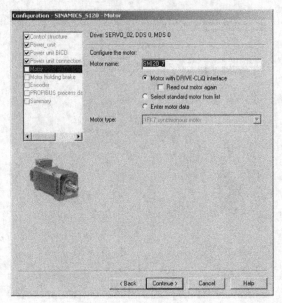

图 4.55　选择电机型号

(28) 已通过 Drive-CLiQ 技术正确组态了编码器然后单击"Continue >"按钮，如图 4.56 所示。

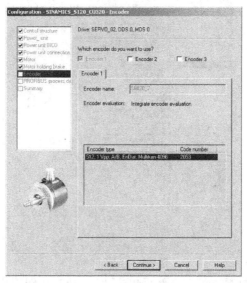

图 4.56　组态编码器

(29) 将 PROFIBUS 消息帧设置为"SIEMENS telegram 105.PZD-10/10"(SIEMENS 报文 105.PZD-10/10)，如图 4.57 所示。

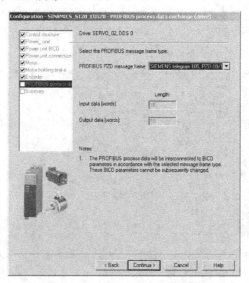

图 4.57　设置 PROFIBUS 消息帧

(30) 单击"Continue >"按钮，如图 4.58 所示。

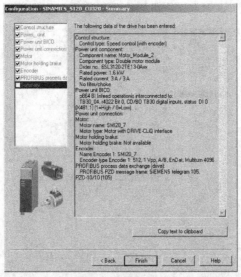

图 4.58 配置明细

(31) 已完成驱动器的离线组态，然后单击"Finish"按钮退出驱动器的离线组态，如图 4.59 所示。单击"Close"按钮关闭对话框。

图 4.59 完成驱动器离线组态

(32) 在项目浏览器中打开树形结构 SIMATIC 300(1) → Technology(技 术) → SINAMICS_S120→Drives(驱动器)→SERVO_02，单击右键打开快捷菜单，选择 Expert(专家) →Expert list(专家列表)，如图 4.60 所示。

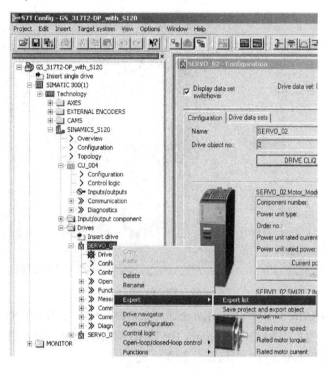

图 4.60　打开专家列表

(33) 选择参数"p210"并输入"345"，如图 4.61 所示。

Parameter	D	+	+	Parameter text	Value SERVO_02	Unit	Changea	Acce	Minimu	Maximu
r206[0]		+		Rated power module po	1.60	kW		2		
r207[0]		+		Rated power module cur	3.00	A		2		
r208				Rated power module line	400	V		2		
r209[0]		+		Power module, maximum	5.60	A		2		
p210				Drive unit line supply volt	345	V	Ready to r	3	1	1200
p287[0]		+		Ground fault monitoring, t	6.0	%	Ready to r	3	0	100
r289				Maximum power module	6.00	A		3		
p290				Power module overload r	Reduce output curren ▼	-	Ready to r	3		
p294				Power module alarm wit	95.0	%	Operation	3	10	100
p295				Fan run-on time	0	s	Operation	1	0	600
p300[0]	M			Mot type selection	1FK7 synchronous m ▼	-	Commissio	2		
p301[0]	M			Motor code number sele	23726	-	Commissio	2	0	65535
r302[0]	M			Motor code number of int	23726	-		2		

图 4.61　设置设备连接电压 SERVO/VECTOR

(34) 在项目浏览器中打开树形结构 SIMATIC 300(1) → Technology(技术) → SINAMICS_S120→Configuration(组态)，双击"Configuration"(组态)启动 SINAMICS 组态，如图 4.62 所示。

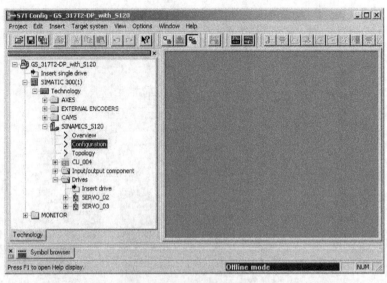

图 4.62　S7T Config 界面

(35) 在"SINAMICS_S120-Configuration"(SINAMICS_S120-组态)对话框中，将两种消息帧类型均设置为"SIEMENS telegram 105"(SIEMENS 报文 105)，然后单击"Align with HW Config"(用 HW Config 调整)按钮，如图 4.63 所示。

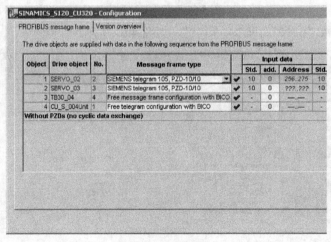

图 4.63　设置报文

(36) 单击"Close"(关闭)关闭"SINAMICS_S120-Configuration"(SINAMICS_S120-组态)对话框。

(37) 选择 Project(项目)→Save and recompile all(全部保存并重新编译)菜单命令，保存并编译整个技术项目，如图 4.64 所示。

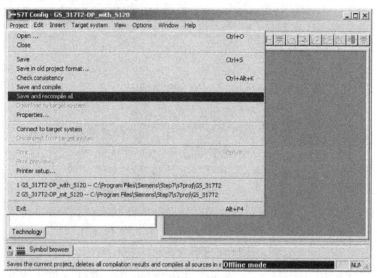

图 4.64　保存并编译项目

(38) 选择 Project(项目)→Connect to target system(连接到目标系统)菜单命令，切换到在线模式，如图 4.65 所示。

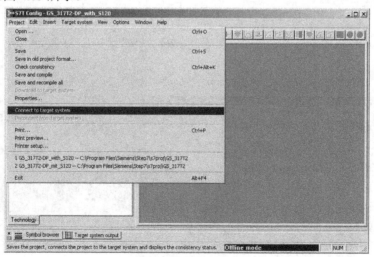

图 4.65　连接到目标系统

(39) 目前所需的组态位于 PG/PC 上。单击"<== Download"(<== 下载)按钮，将组态传送到驱动器中，如图 4.66 所示，下载成功后，关闭窗口。

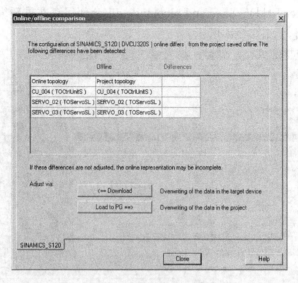

图 4.66　下载组态到驱动器

(40) 选择"Project"(项目)→"Disconnect from target system"(断开与目标系统的连接)菜单命令，切换到离线模式，如图 4.67 所示。

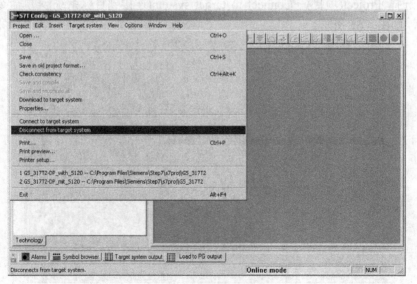

图 4.67　切换到离线模式

9. 使用 S7T Config 组态轴

(1) 在项目浏览器中打开树形结构 SIMATIC 300(1)→Technology(技术)→AXES(轴)，双击"Insert axis"(插入轴)启动轴向导，如图 4.68 和图 4.69 所示。

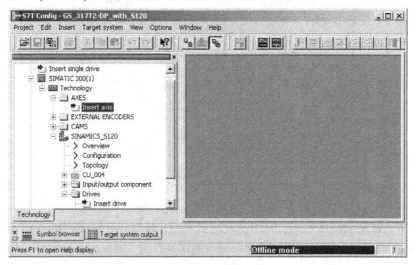

图 4.68　插入轴

图 4.69　插入轴对话框

(2) 确认默认的技术选择(速度控制、定位)，单击"OK"按钮，打开"Axis configuration-Axis_1-Axis type"(轴组态-Axis_1- 轴类型)对话框，如图 4.70 所示。

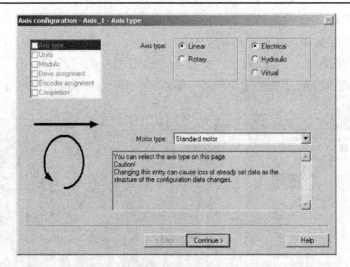

图 4.70　轴组态-Axis_1- 轴类型对话框

(3) 选择"Axis type：Linear，Electrical"(轴类型：线性、电气)和"Motor type：Standard motor"(电机类型：标准电机)，单击"Continue"(继续)，打开"Axis configuration-Axis_1-Units"(轴组态-Axis_1-单位)对话框，如图 4.71 所示。

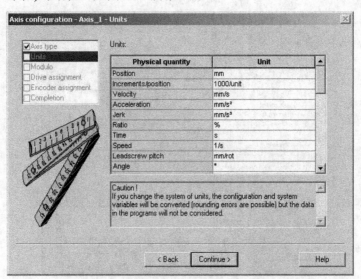

图 4.71　轴组态-Axis_1-单位对话框

(4) 单击"Continue"按钮打开"Axis configuration-Axis_1 - Modulo"(轴组态-Axis_1-模)对话框，如图 4.72 所示。

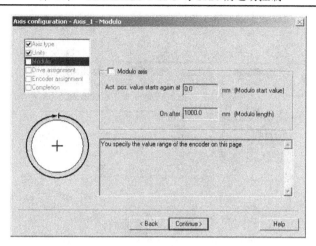

图 4.72 轴组态-Axis_1-模对话框

(5) 单击"Continue"按钮，打开"Axis configuration-Axis_1-Drive assignment"(轴组态-Axis_1-驱动器分配)对话框，如图 4.73 所示。包含驱动器和消息的驱动器组态源自硬件配置，只能在此对话框中确认。输入电机最大速度作为"Ratedspeed"(额定速度)(请参阅电机类型铭牌)。在例中，将电机最大速度设置为"6000rpm"。

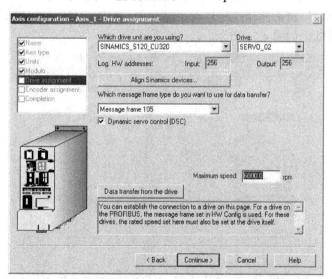

图 4.73 轴组态-Axis_1-驱动器分配对话框

(6) 单击"Continue"(继续)，确认设置，打开 "Axis configuration-Axis_1 - Encoder assignment"(轴组态-Axis_1-编码器分配)对话框，如图 4.74 所示。

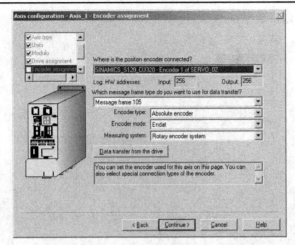

图 4.74　轴组态-Axis_1-编码器分配对话框

(7) 选择编码器类型、编码器模式以及测量系统。本例中第一条轴的设置如下：

① "Encoder type"(编码器类型)为"Absolute encoder"(绝对编码器)；

② "Encoder mode"(编码器模式)为"Endat"；

③ "Measuring system"(测量系统)为"Rotary encoder system"(旋转编码器系统)。

单击"Continue"按钮打开"Axis configuration-Axis_1-Encoder-data"(轴组态-Axis_1-编码器-数据)对话框，如图 4.75 所示。

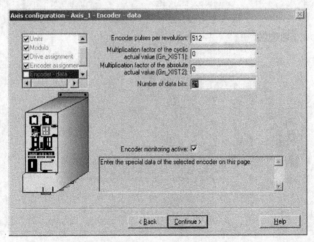

图 4.75　轴组态-Axis_1-编码器-数据对话框

(8) 输入电机铭牌上指定的分辨率以及数据位数。本例中，编码器脉冲数为"512"，数据位数为"21"，如果使用其他编码器类型，可在 S7T Config 的在线帮助中找到编码器组态的适当实例。单击"Continue"按钮，接受设置并打开"Axis configuration-Axis_1-Completion"(轴组态-Axis_1-完成)对话框，显示已组态的数据。如图 4.76 所示。

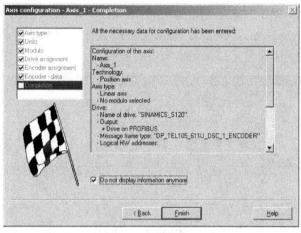

图 4.76　完成轴组态

(9) 单击"OK"按钮，关闭消息框。完成使用 S7T Config 组态轴。选择 Project(项目)→Save and recompile all(全部保存并重新编译)来保存 S7T Config 中的组态。现在，系统将编译轴组态数据。

(10) 如果使用双轴模块，则重复步骤上述编号顺序 1～9。本例包含了一个带绝对编码器的电机模块和一个带增量编码器的电机模块。如图 4.77 所示为带 2048 条编码器线的增量编码器的配置情况。

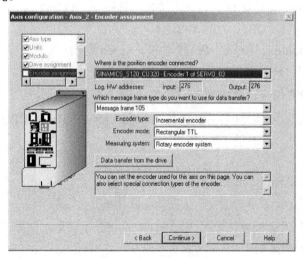

图 4.77　增量编码器设置

10. 创建技术 DB

(1) 在 SIMATIC 管理器中双击"Technology"(技术)文件夹中的"Technological Objects"(技术对象)将其打开,单击"OK"按钮确认第一个消息框,然后单击"Yes"按钮确认第二个消息框,打开"Technological Objects Management"(技术对象管理)对话框,如图 4.78 所示。按照图中所示编辑 DB 号,以满足实例中的需要。

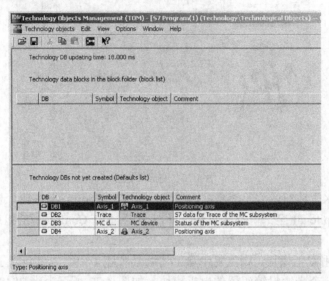

图 4.78　技术对象管理对话框

(2) 单击"Create"按钮创建下列技术 DB:Axis_1、Axis_2、跟踪、MCDevice,系统将生成技术数据块 DB1、DB2、DB3 和 DB4。

(3) 通过 Technological objects(技术对象)→Exit(退出)菜单命令关闭"Technological Objects Management"(技术对象管理)对话框。

11. 使用 STEP 7 用户程序控制轴

在 SIMATIC 管理器中,打开示例项目"\Examples\PROJECT-CPU317T",将下列块复制到项目中:

* OB1;
* FB100(SimplePositioning);
* FB401(MC_Power);
* FB402(MC_Power);
* FB405(MC_Halt);
* FB410(MC_MoveAbsolute);

- DB100(IDB_SimplePositioning);
- AxisData(用于控制轴的变量表)。

单击"Yes"按钮，确认消息"The object 'OB1' already exists.Do you want to overwrite it?"(对象 'OB1' 已存在。是否要覆盖它？)。将输入、输出和标志从实例符号表复制到项目中，这样符号便可在变量表中完整地显示出来。

可在 LAD/STL/FBD 编辑器中编辑示例程序。单击"FB 100"，然后单击右键并选择"Open object"(打开对象)，打开 LAD/STL/FBD 编辑器。

在 SIMATIC 管理器中，通过 PLC > Download user program to memory card(将用户程序下载到存储卡)将整个用户程序装载到 CPU。

通过上述 11 个步骤可以调试一个功能完整的伺服控制应用程序，并展示如何执行运动命令。

第5章　运动控制综合实训

　　本章的综合实训项目基于北京德普罗尔科技有限公司研制的运动控制综合实训平台(Motion Control Comprehensive Training Platform, MCCT)，是典型的运动控制技术应用的实例。实训平台是对工业领域典型生产加工过程的抽象提取，可提供圆盘同步、直线同步和圆盘式飞剪及物料卷绕等被控对象，通过若干个实验项目介绍了西门子 S120 以及 S7-300 T-CPU 实现运动控制的过程，可满足不同类别、不同难度的教学及实训需求。

　　本运动控制综合实训平台如图 5.1 所示。该平台主要由主机架、控制系统电控箱、人机交互面板以及受控对象等几部分组成。

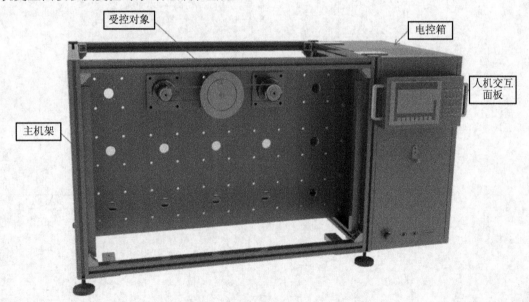

图 5.1　运动控制综合实训平台

　　本平台电控箱内部安装有西门子 SIMATIC S7-T 工艺控制系统、西门子 SINAMICS S120 高性能驱动系统以及低压控制与配电产品。

　　人机交互面板装有 1 块西门子 KTP 700 BASIC PN(产品订货号:6AV2123-2GB03-0AX0)

操作屏，可以通过以太网线与 CPU 315T-3 PN/DP 进行连接。在操作屏右侧装有 20 个双位置开关，其中的 16 个开关接入到控制单 CU320-2 DP，4 个开关接入到电压配电系统的端子排中。

　　本平台的受控对象组主要由圆盘同步、直线同步和圆盘式飞剪及物料卷绕等受控对象组成。

　　本平台所需软件包括：① STEP7 + S7-Technology 工艺软件，用来调试 SIMATIC S7-T 系列 CPU 与 SINAMICS S120 驱动系统；② TIA Portal WinCC Basic/Advanced/Professional 调试软件，这三种版本的 TIA Portal WinCC 软件均可用来调试 KTP 700 人机界面。

　　实验过程中，使用西门子的 STEP7、starter 和 TIA Portal WINCC 完成控制程序的编写、伺服系统的调试和监控画面的组态，指导书中给出了实验的具体操作步骤。

　　综合实训的实验设计本着循序渐进的原则，由浅入深。认真完成本章所列实验，有助于帮助读者更好地掌握运动控制系统中伺服在实际对象中如何应用。本章所提供的实验也具有良好的扩展性，读者可利用系统平台对所提供的实验进行合理创新，以达到更好的学习目的。

5.1　实训一　MCCT 系统硬件组态

一、实训目的

(1) 了解本运动控制系统的硬件组成及网络拓扑结构；

(2) 了解以太网通信方式；

(3) 了解 PROFIBUS DP 通信方式；

(4) 掌握 STEP7 软件的基本操作流程；

(5) 掌握西门子 STEP7 软件平台上硬件组态的方法；

(6) 具备识别设备以及阅读设备订货信息(型号、订货号等信息)的能力。

二、实训准备

连接网线到计算机，检查传感器接口是否正确，打开设备电源。

三、实训内容及原理

1. MCCT 的网络拓扑结构

MCCT 的网络拓扑结构如图 5.2 所示。

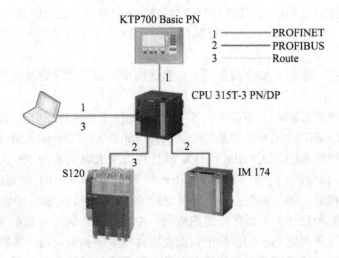

图 5.2　MCCT 网络拓扑结构(DP 通信方式)

　　MCCT 由控制器、驱动器与被控对象三大部分组成。其中控制器采用西门子 S7-315T-3 PN/DP，驱动器为 S120，被控对象为圆盘、缠绕等实物对象。PLC 的 CPU 与 S120、IM174 之间通过 DP 总线连接，PLC 的 CPU、触摸屏和编程计算机通过以太网总线连接。

　　在 MCCT 整个系统中采用以太网方式通信时，PLC 的 CPU 与 S120、触摸屏、上位机之间直接通过以太网连接，PLC 的 CPU 与 IM174 通过 DP 总线连接。整体网络拓扑结构如图 5.3 所示。

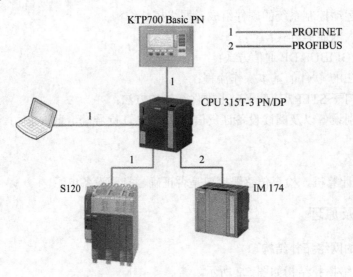

图 5.3　MCCT 网络拓扑结构(以太网通信方式)

2. 主要硬件介绍

1) PLC 模块

PLC 模块如图 5.4 所示。其 5 个模块由左至右分别为 PS307 电源、CPU、315T 自带 I/O、数字量 I/O 和模拟量 I/O。

图 5.4　PLC 模块

2) IM174 模块

IM174 模块(接口模块)是一个接口模块，最多可以操作四个带有模拟量设定值接口，而且等时同步 PROFIBUS 上的每个轴都有一个 TTL 或 SSI 编码器的驱动器，如图 5.5 所示。在等时同步 PROFIBUS 上，最多可以操作每个轴上的一个 TTL 或 SSI 编码器的四个步进驱动器，或者不带编码器的四个步进驱动器，也可以是模拟驱动器和步进驱动器的组合(混合操作)。

图 5.5　IM174 模块

控制器与 IM174 之间的通信通过 PROFIBUS(不能使用背板连接)使用 IM174 特定的消息帧类型来进行,该类型除了包含数字量输入/输出数据之外,还包含符合 PROFIDrive 行规、每个驱动器特定的消息帧类型(标准消息帧 3 和 81)。作为循环 DP 通信的一部分,实际驱动器值(编码器值)通过等时同步 PROFIBUS 从 IM174 模块传送至控制器,再由控制器计算出的速度设定值传送至 IM174 模块。随后,传送的速度设定值作为模拟值或脉冲从 IM174 模块输出到驱动器。图 5.6 所示为 IM174 模块的 DP 地址设置和端口连接。

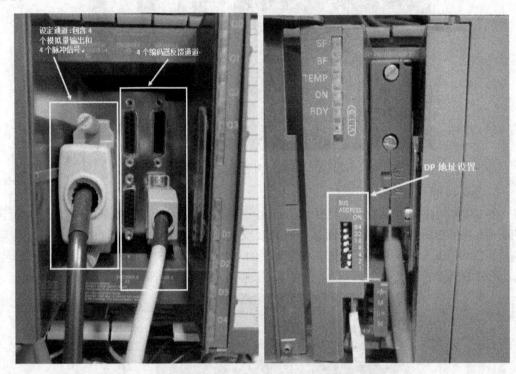

图 5.6　IM174 模块的 DP 地址设置和端口连接

3) SINAMICS S120 的多轴驱动系统

SINAMICS S120 的多轴驱动系统的主要组成部分如下:

(1) 控制单元:整个驱动系统的控制部分。

(2) 电源模块:将交流转变成直流,并能实现能量回馈。

(3) 电机模块(也称功率模块):单轴或双轴模块,作为电机的供电电源。

(4) 传感器模块:将编码器信号转换成 Drive-CLiQ 可识别的信号,若电机含有 Drive-CLiQ 接口,则不需要此模块。

(5) 直流＋24 V 电源模块：用于系统控制部分的供电。

(6) 端子模块和选件板：根据需要可连接或插入 I/O 板和通信板。

要注意的是 X127 LAN 口只能用作调试用，不具有实时通信功能。如果是 PN 接口的 S120，需要先将 X127 的 IP 地址修改为与 X125 不同网段下的 IP 地址，如果 X127 与 X125 在同一网段下，则网线插在 X125 上时无法查找到 S120。

四、实训步骤

DP 接口的 S120 与 PN 接口的 S120 在硬件组态上存在部分差异，先以 DP 设备为基础进行组态，PN 设备不同处后面单独列出。本实训以 STEP7+technology 为环境。

1. 新建项目

(1) 在 STEP7 中创建一个新的项目。双击桌面的 SIMATIC Manager，打开 STEP7 编程软件。单击左上角 File→New…，新建工程，如图 5.7 所示。

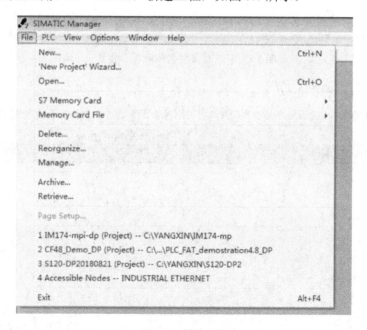

图 5.7　新建工程

(2) 在弹出的对话框中单击"Browse…"选择保存路径后单击"OK"确认。在"Name"处填写工程名字 MCCT_Example 后，单击"OK"按钮，创建出新的工程文件，如图 5.8 所示。

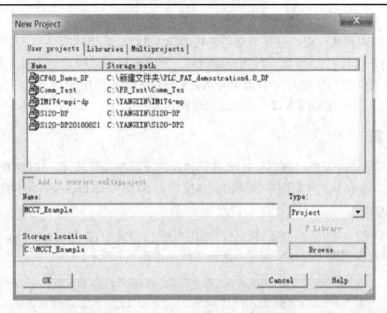

图 5.8 新工程文件名称和保存位置

(3) 新建工程，如图 5.9 所示。

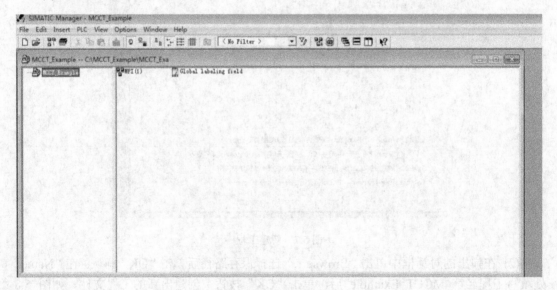

图 5.9 新工程界面

2. 添加 CPU

(1) 在新建的工程上单击右键，选择"Insert New Object"，插入一个新设备，选择"SIMATIC T station…"，如图 5.10 所示。

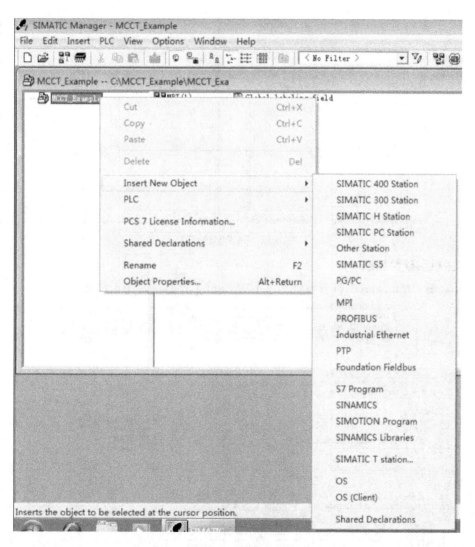

图 5.10　插入 CPU

(2) 在弹出的 CPU 型号确认页面中保持默认选项，单击"OK"确认。创建完毕后点击"OK"按钮确认，如图 5.11 所示。

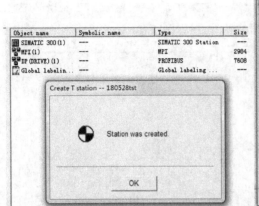

图 5.11　完成创建 CPU

3. 主机架硬件组态

(1) 双击"Hardware"打开硬件组态 HW Config 界面，如图 5.12 所示。

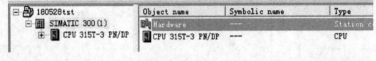

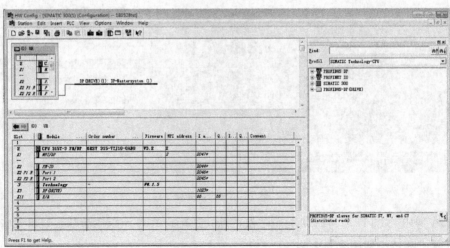

图 5.12　HW Config 界面

(2) 查看设备模块的实际序列号，在硬件列表中找到与设备序列号相同的模块，点击选择硬件后在下方显示序列号。在硬件列表中找到 16DI16DO 的数字量模块，并拖拽至机架的 4 号插槽。同理将 4AI2AO 模块拖拽至机架的 5 号插槽。

4. 接口模块 IM174 组态配置

(1) 在硬件列表中找到 IM174，拖拽至 DP(DRIVE)(1)总线上，如图 5.13 所示。

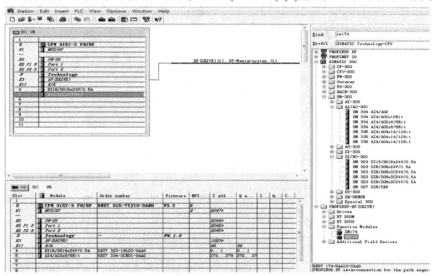

图 5.13　组态 IM174

(2) 在弹出的界面 Parameters 中将 Address 栏，IM174 的 DP 地址修改为与实际硬件相同。

(3) 在下拉菜单中选定后单击"OK"，如图 5.14 所示。

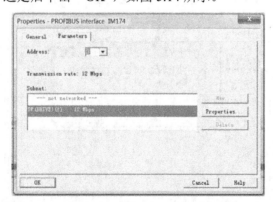

图 5.14　确认 IM174 的 DP 地址

(4) 打开"Encoders and Drives"标签页配置步进电机和编码器，如图 5.15 所示。

(5) 打开"Isochronous Mode"等时同步标签页后，单击其他会弹出对话框要求修改"Time To"时间。单击"OK"后修改"Time To"时间，并单击"Match"自动调整，如图 5.16、图 5.17 所示。激活等时同步后，可以保证整条 DP 总线上设备的响应时间满足运动控制的高响应。

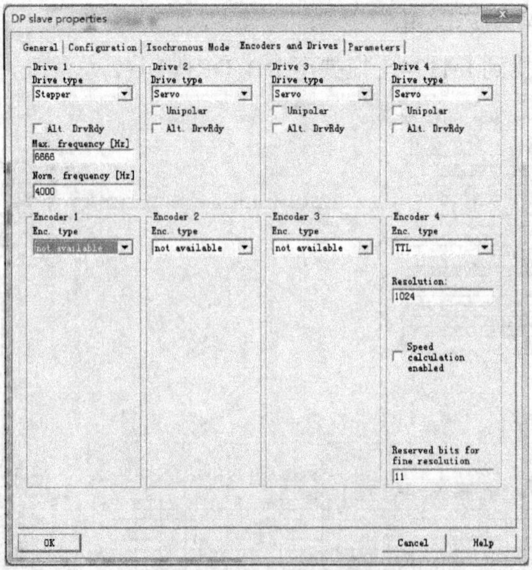

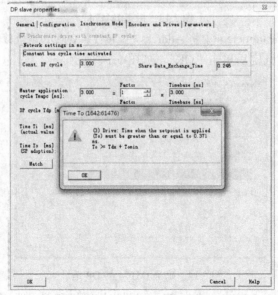

图 5.15　配置步进电机和编码器

图 5.16　修改 Time To 时间(1)

图 5.17 修改 Time To 时间(2)

5. 对 SINAMICS S120 驱动系统进行硬件配置

下面介绍 DP 总线的 S120 的配置方法，PN 总线的 S120 的配置方法在后面讲解。

(1) 在右侧硬件列表中找到"S120 CU320-2 DP"模块，将其拖拽至 DP(DRIVE)(1)总线处。

(2) 在弹出的窗口中，使用下拉列表将"Address"值设置为"4"，如图 5.18 所示。这个 DP 地址需要根据实际情况进行设置。

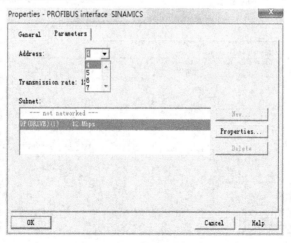

图 5.18 设置 DP 地址

(3) 在弹出的窗口中，使用下拉列表将"Version"值设置为"4.8"，单击"OK"按钮，如图 5.19 所示。这里选择的是 S120 的固件版本。固件版本应根据实际情况选择，断电后取出 CU 上的固件卡即可看到固件版本。

图 5.19　"Version"设置为"4.8"

(4) 在弹出的窗口中，切换标签页至"Isochronous Operation"然后勾选如图 5.20 所示框选位置再单击"OK"按钮，如图 5.20 所示。和 IM174 的等时同步界面一样，需要勾选后才能激活等时同步。

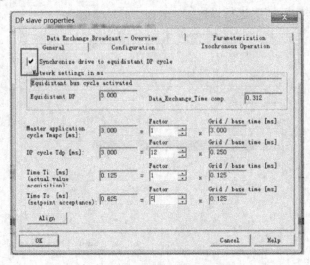

图 5.20　"Isochronous Operation"标签页

6. 保存与编译完成后下载硬件配置

(1) 硬件配置完成后，在工具栏中单击 "Save and Compile" 按钮 🔄，会弹出如图 5.21 所示的窗口。当保存与编译过程完成后，此窗口会自动关闭。

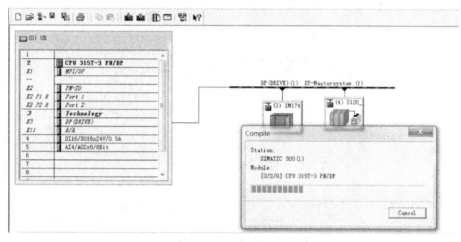

图 5.21 保存与编译过程

(2) 当硬件配置的保存与编译完成后，在工具栏中单击 "Download to Module" 按钮 🏭，在弹出的窗口中单击 "OK" 按钮，如图 5.22 所示。

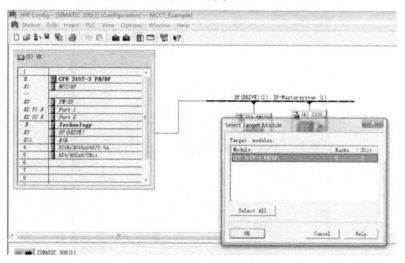

图 5.22 Download to Module

(3) 在弹出的选择网络设备的界面中单击 "View"，选择 CPU，如图 5.23 所示。如果 CPU 与组态设置的 IP 地址不一样也没关系，下载后就会自动更新为组态的地址。

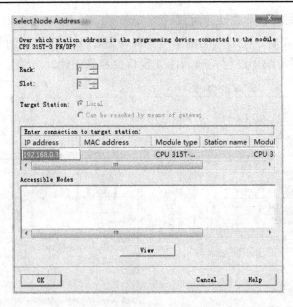

图 5.23　选择网络设备的界面

(4) 单击"View"搜索连接，选中搜索到的 CPU，如图 5.24 所示。

图 5.24　选中搜索到的 CPU

(5) 单击"OK"按钮，下载过程启动后会弹出如图 5.25 所示的窗口。当下载过程完成后，此窗口会自动关闭。

(6) 如果弹出对话框提示是否重启，单击"Yes"按钮确认即可，如图 5.26 所示。

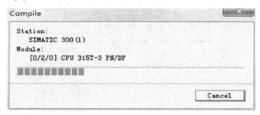

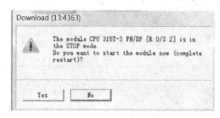

图 5.25 编译下载中　　　　　图 5.26 重启提醒对话框

7. 进行网络路由配置

本实训系统的 SIMATIC S7-T 工艺控制系统通过工业以太网和 PROFIBUS-DP 现场总线，分别与调试计算机和 SINAMICS S120 高性能驱动系统相连，但调试计算机与 SINAMICS S120 高性能驱动系统之间并无直接的网络连接。如果想通过工业以太网对 SINAMICS S120 高性能驱动系统进行调试，则需要通过 SIMATIC S7-T 工艺控制系统的网络路由功能来实现。如果使用的是 PN 总线的 S120 则跳过此步骤。

(1) 在 SIMATIC Manager 主界面中单击工具栏上的"Configure Network"按钮，进行路由配置，如图 5.27 所示。

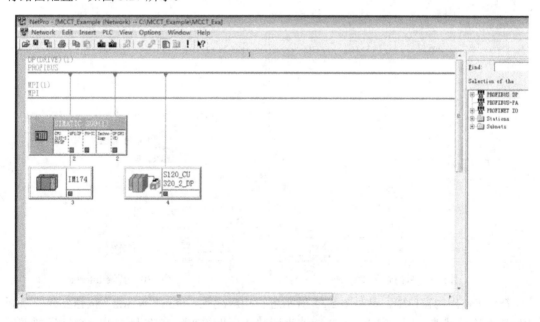

图 5.27 配置网络窗口

(2) 在硬件列表中找到"PG/PC"模块，将其拖拽至如图 5.28 所示位置。

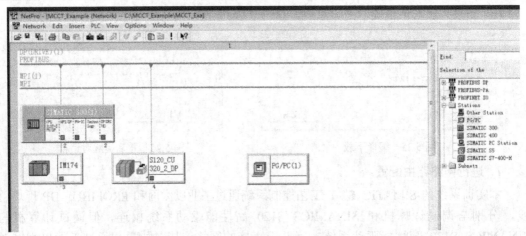

图 5.28　添加 PG/PC

(3) 双击新插入的 "PG/PC" 图标，在弹出的窗口中将标签页切换至 "Interfaces"，单击 "New..." 按钮，如图 5.29 所示。

(4) 在弹出的窗口中选择 "Industrial Ethernet"，单击 "OK" 按钮，如图 5.30 所示。

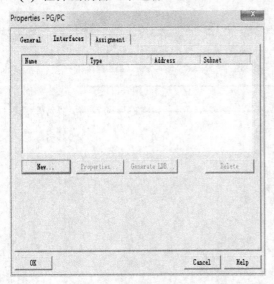

图 5.29　PG/PC 属性设置

图 5.30　新增 Interface

(5) 在弹出的窗口中，参照图 5.31 所示进行相应配置，单击 "New..." 按钮创建一条新的以太网连接线路。图 5.31 所示 IP 地址为调试计算机的实际 IP 地址，此处填写所要调试计算机的实际 IP 地址，同时应保证调试计算机的 IP 地址与 PLC 的 IP 地址在同一网段。

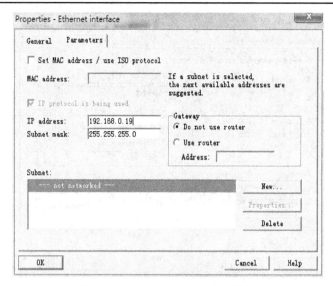

图 5.31　PG/PC Interface 属性设置

(6) 在弹出的窗口中单击"OK"按钮，生成新的以太网链路，如图 5.32 所示。

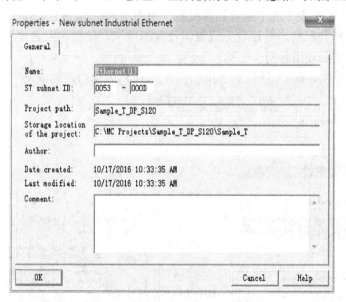

图 5.32　生成新的以太网链路

(7) 单击"OK"按钮，将 PG/PC 分配给刚刚新建的以太网总线，如图 5.33 所示。

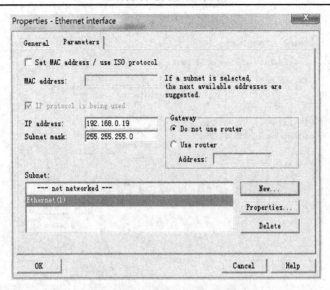

图 5.33　为 PG/PC 分配新的以太网

(8) 在弹出的窗口中切换标签页至"Assignment"，在"Interface Parameter Assignments in the PG/PC："下拉列表中选中当前计算机所使用的网卡，单击"Assign"按钮，如图 5.34 所示。图中所选择的网络连接设备为该调试设备的网卡，如果使用其他类型的网卡进行调试，此处应选择实际使用的网卡名称。

(9) 如果单击"Assign"按钮后弹出如图 5.35 所示的窗口，则单击"OK"按钮即可。

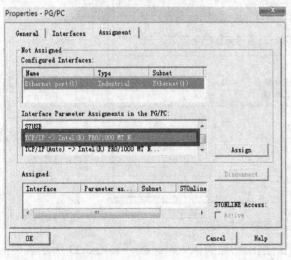

图 5.34　PG/PC Assignment　　　　　　　　图 5.35　确认 PG/PC Assignment

(10) 在 PG/PC 属性界面单击"OK"按钮确认配置，如图 5.36 所示。通过 TCP/IP 方式 (不使用自动 IP 方式)连接到网卡。

图 5.36　PG/PC 的网卡类型

(11) 建好的路由如图 5.37 所示。

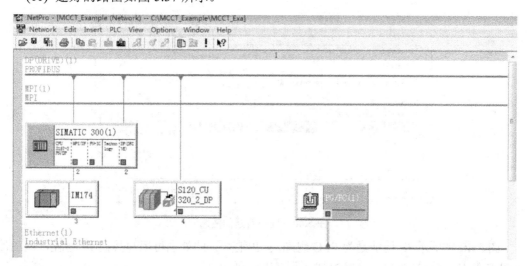

图 5.37　建好的路由配置

(12) 双击 CPU 的 PN 网络接口，如图 5.38 所示。

(13) 在弹出的窗口中单击"Properties..."按钮，如图 5.39 所示。

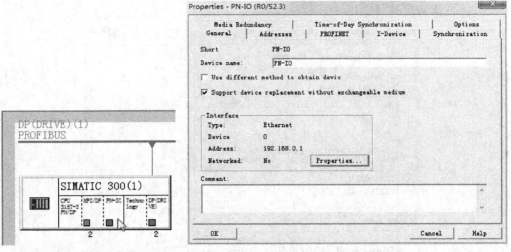

图 5.38　双击 PN 接口　　　　图 5.39　PN 接口属性窗口

(14) 在弹出的窗口中选中图 5.40 所示新建的以太网链路，单击"OK"按钮。

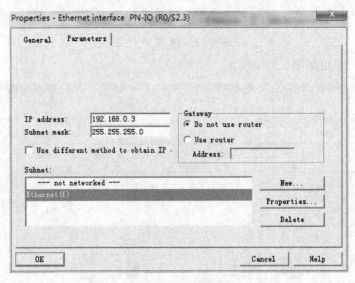

图 5.40　选中新建的链路

　　图 5.40 中所示 IP 地址是为 PLC 组态的 IP 地址。此处也可填写其他 IP 地址，但应保证 PLC 的 IP 地址与调试计算机的 IP 地址在同一网段。

(15) 单击"OK"按钮确认，如图 5.41 所示。

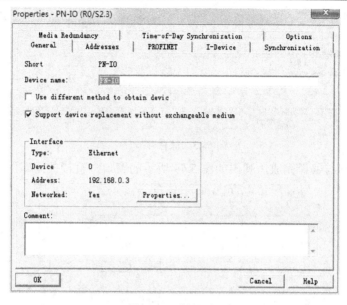

图 5.41　确认配置

(16) 配置完成后，系统的网络拓扑结构应如图 5.42 所示。

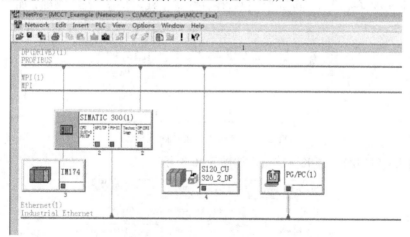

图 5.42　系统的网络拓扑结构

8. 保存与编译完成后下载路由配置

(1) 路由配置完成后，在工具栏中单击"Save and Compile"按钮 ，在弹出的窗口中选择"Compile and check everything"选项，单击"OK"按钮，如图 5.43 所示。

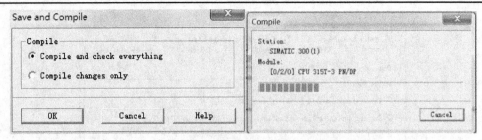

图 5.43　保存并编译

(2) 如果保存与编译完成后弹出如图 5.44 所示的窗口，直接关闭即可。

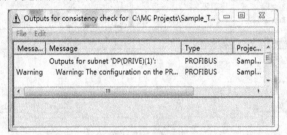

图 5.44　警告提示

(3) 保存与编译完成后，需要再次执行硬件配置下载，单击"Yes"按钮，如图 5.45 所示。

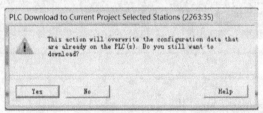

图 5.45　再次执行硬件配置下载

(4) 确认 CPU 单击"OK"按钮，如图 5.46 所示。

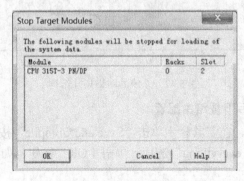

图 5.46　确认配置

(5) 可能会存在内存不足，单击"Yes"按钮即可，不影响运行，如图 5.47 所示。

(6) 下载完成后会提示是否重启，单击"Yes"按钮，如图 5.48 所示。

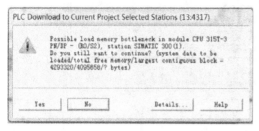

图 5.47　忽略警告　　　　　　　　　　　　　　　　图 5.48　重启

至此，DP 接口的 S120 硬件组态部分全部结束。

9. PN 接口的 S120 硬件组态

(1) 进入硬件组态 HW Config 界面，在 CPU 的 X2 处单击右键，选择"Insert PROFINET IO System"，插入一条 PN IO 总线，如图 5.49 所示。

图 5.49　插入 PN IO 总线

(2) 在弹出的对话框中单击"New…"按钮，新建一条以太网总线，然后单击"OK"按钮，如图 5.50 所示。

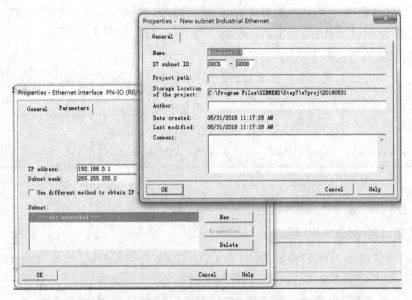

图 5.50　新建一条以太网总线

(3) 将 "IP address" 更改为当前 CPU 的 IP 地址，一般将 IP 地址设置为 192.168.0.X，如图 5.51 所示。

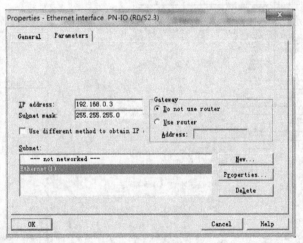

图 5.51　修改 IP 地址

(4) 检查本设备 PLC 的 CPU 的 IP 地址。单击菜单栏 PLC→Edit Ethernet Node，在弹出的对话框内单击 "Browse"，在弹出的搜索对话框中可以发现与 PC 同网段内的所有设备，如图 5.52 所示。

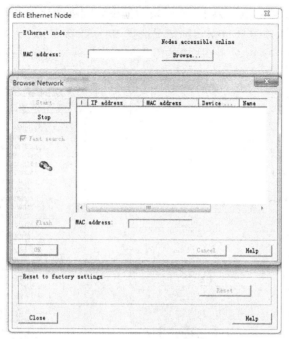

图 5.52 搜索同网段设备

(5) 如果物理连接正常的话就能够搜索到与 PC 相连的 PLC,选择 CPU,单击"OK"按钮,如图 5.53 所示。此方法也适用于修改 S120 的 IP 地址。

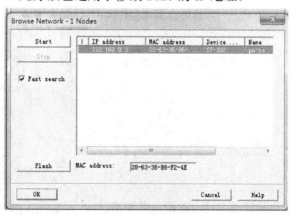

图 5.53 搜索到 PLC

(6) 在"Set IP configuration"框内可修改 CPU 的 IP 地址,将其修改为与 PC 同网段下的 IP 地址。单击"Assign IP Configuration",在弹出的对话框中单击"OK"确认,如图 5.54 所示。如果无法修改 IP 地址,可能 CPU 正被占用,将 CPU 调到 STOP 挡后再修改地址。

(7) 从右侧找到 S120 CU320-2 PN 模块后拖曳到刚刚新建的 PN 总线上，如图 5.55 所示。设备实际的 CU 版本号要依据实际情况选择 V4.x 或者 V5.x。

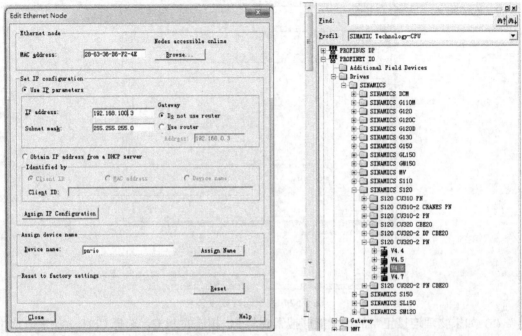

图 5.54　修改 CPU 的 IP 地址　　　　　图 5.55　添加 S120

(8) 在弹出的对话框中修改 IP 地址，即 S120 的 IP 地址，单击"OK"按钮，如图 5.56 所示。

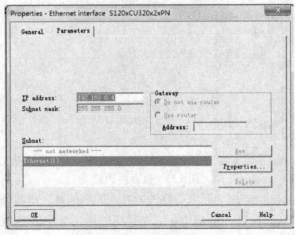

图 5.56　修改 S120 的 IP 地址

　　(9) 在弹出的 S120 属性确认的对话框中单击"OK"按钮，如图 5.57 所示。通过 edit ethernet node 找到 CU 的地址并修改成与配置地址相同。

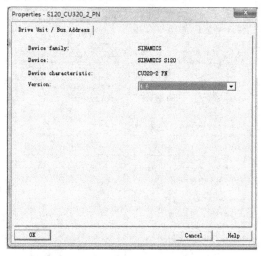

图 5.57　属性确认窗口

　　(10) 双击新建的 S120，更改设备名称"Device name"，将当前名称与设备实际名称修改为一样，如图 5.58 所示。

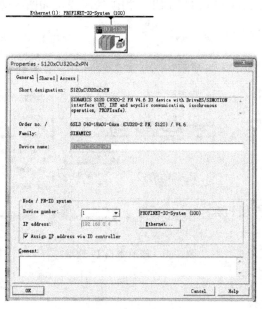

图 5.58　更改 S120 设备名称

(11) 修改设备名称的方法也是通过编辑以太网节点界面进行修改，如图 5.59 所示。

图 5.59　通过编辑以太网节点修改名称

(12) 将本机 IP 地址改成与 PLC 的 CPU 相同的网段，如图 5.60 所示。

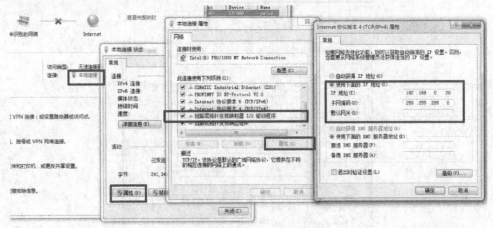

图 5.60　修改本机 IP 地址

五、思考

(1) 若在硬件组态时将 CPU 的版本号组态错误，在下载程序时能成功吗？会有什么影响？

(2) S120 与 300T CPU 在分别采用 DP、PN 两种通信方式时的网络拓扑结构有何区别？

(3) 根据文中基于 PROFIBUS DP 通信方式的组态过程，自行新建项目，完成基于以太网通信的硬件组态，并进行通信测试。

5.2　实训二　在线配置驱动器以及电机检测

一、实训目的

(1) 了解伺服电机结构组成；

(2) 了解 S120 电机驱动器的调试方法；

(3) 了解 S120 的网络拓扑结构；

(4) 掌握 Starter 的基本使用；

(5) 掌握通过 Starter 在线配置电机；

(6) 掌握基本的电机试车驱动方法。

二、实训准备

打开一个硬件设备组态成功的项目(本章实训一完成后项目)，保证硬件设备连接正常，设备上电，连接上调试计算机。

三、实训内容及原理

1. S120 DC-AC 驱动系统

如图 5.61 所示为 S120 DC-AC 驱动系统。

S120 DC-AC 驱动系统的基本组成如下：

- 控制单元 CU320；
- 整流模块(BLM, SLM, ALM)；
- 电机模块(单轴与双轴模块)；
- 24 V SITOP 电源；
- 端子模块及其他选件板；
- 进线电抗器与滤波器；
- 电机；
- 编码器；
- 编码器接收模块；
- Drive-CLiQ 连接电缆；

- 动力电缆；
- 上位监控或者控制系统。

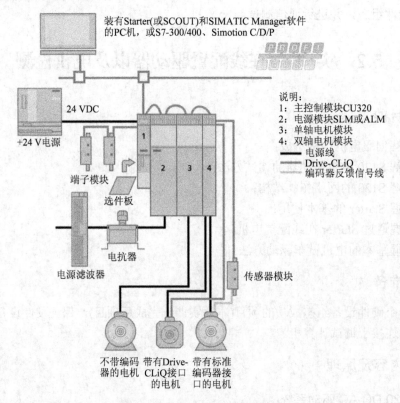

图 5.61　S120 DC-AC 驱动系统

Drive-CLiQ 的接线规则如图 5.62 所示。

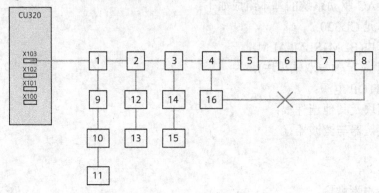

图 5.62　Drive-CLiQ 的接线规则

- 在 CU320 上，一根 Drive-CLiQ 最多能连接 16 个节点；
- 每排最多有 8 个节点；
- 不能有环形连接；
- 节点之间不能重复连接；
- 所有在同一 Drive-CLiQ 线路上的模块必须有相同的采样周期。

2. 工程的上传与下载

　　参数的上传与下载是在驱动装置控制单元中的 RAM、CF 卡(ROM)以及 Starter 项目三个位置中进行。RAM 中记录了在线驱动设备的当前参数值，每当装置掉电，RAM 中的信息就会永久性丢失。再上电后，装置自动将 ROM 中(CF 卡)的数据引导到 RAM 中。在 Starter 项目中设置的驱动参数也可以下载到装置的 RAM 中，并通过"Copy RAM to ROM"，将项目驱 动参数写入 ROM(CF 卡)中。同时， ROM (CF 卡)中的驱动参数也可以通过"Load to PG/PC"上传到项目中。下载、上传、Copy RAM to ROM 的操作关系如图 5.63 所示。

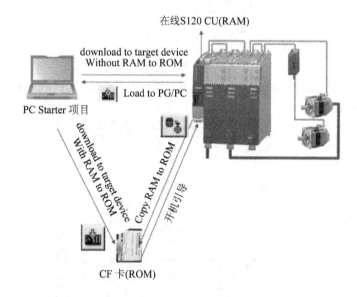

图 5.63　下载、上传、Copy RAM to ROM 的操作关系

四、实训步骤

1. 在线设备

(1) 打开组态好的工程"MCCT_Example"(硬件组态成功的工程)，如图 5.64 所示。

(2) 找到 S120 下的调试图标，双击打开驱动的调试界面，如图 5.65 所示。

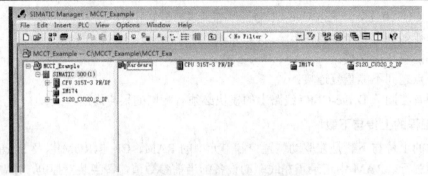

图 5.64　打开组态工程界面

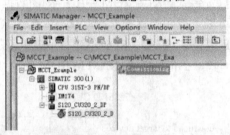

图 5.65　驱动调试界面

（3）在菜单栏中单击"Target system"，然后单击"Select target devices..."，选择在线的设备，如图 5.66 所示。

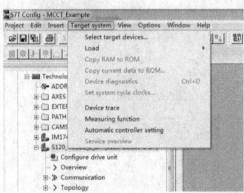

图 5.66　选择在线设备

（4）在弹出窗口中，勾选需要连接的设备和连接该设备所使用的"Access point"(接入点)，Technology 在线后可以看到虚拟轴、编码器和步进电机这些工艺功能。S120 即为本实验需要在线的设备。单击"OK"按钮确认，如图 5.67 所示。

（5）在工具栏中单击"Connect to selected target devices"按钮■，启动连接设备。如果在连接设备过程中出现如图 5.68 所示提示离线文件和在线文件不一致时，单击"Close"按钮即可。

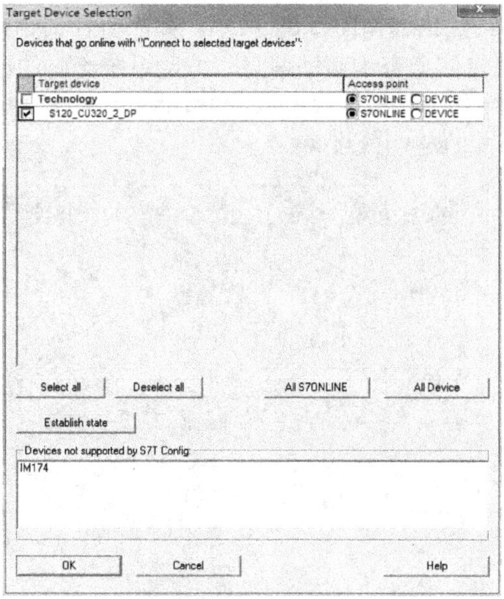

图 5.67　确认设备

图 5.68　提示窗口

因为是新建工程，不知道之前驱动器做过什么配置，所以需要先恢复出厂设置。关于驱动器所有的配置、下载都需要在线进行，离线做的所有操作都保存在本机但不会保存到驱动器上，因此需要在线进行下载。同理在线进行的所有操作都存在驱动器的 Rom 上，如果想存在电脑上，需要上载后保存，离线之后数据才不会丢失。

(6) 成功连接后，导航栏状态如图 5.69 所示。如果有任何错误信息，在下方的消息显示栏都会有显示，根据报错信息查询帮助信息，按照系统给出的错误信息排除错误。

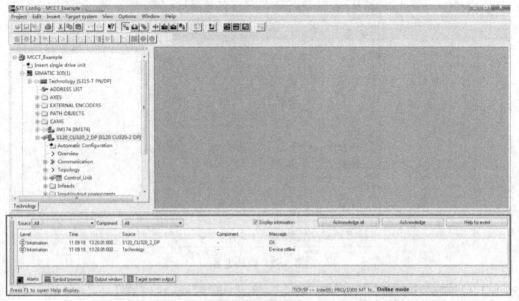

图 5.69　帮助信息

2. 恢复出厂设置

(1) 成功连接至驱动系统后，在导航栏中单击 S120 设备，在工具栏中单击"Restore factory settings"按钮，如图 5.70 所示。

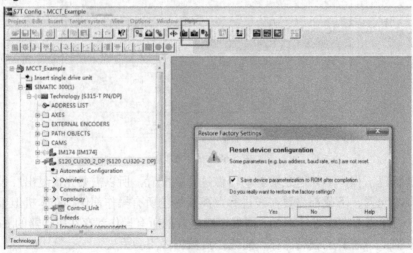

图 5.70　恢复出厂设置-1

(2) 在弹出窗口中，点击"Yes"按钮，如图 5.71 所示。启动恢复出厂设置，等待结束即可。

图 5.71 恢复出厂设置-2

3. 参数的自动配置

(1) 成功连接至驱动系统后，在导航栏中双击"Automatic Configuration"，如图 5.72 所示。

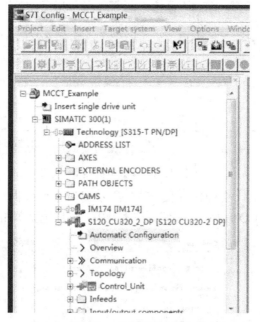

图 5.72 参数自动配置

(2) 在弹出窗口中，点击"Start"按钮，启动自动配置，如图 5.73 所示。

(3) 自动配置过程中弹出如图 5.74 所示窗口，可以设置电机类型为伺服轴或者矢量轴，单击"Create"按钮继续即可。同一个驱动器模块的两个电机必须保证是同一电机类型，双轴电机模块不能一个是伺服轴一个是矢量轴。

图 5.73　启动自动配置

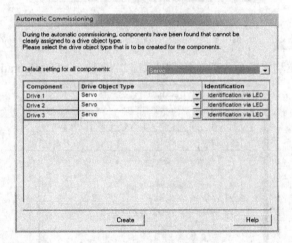

图 5.74　设置电机类型

(4) 自动配置完成后，会弹出如图 5.75 所示窗口。可根据实际使用情况选择"Go OFFLINE"按钮或"Stay ONLINE"按钮。在本例中，我们选择单击"Stay ONLINE"按钮。

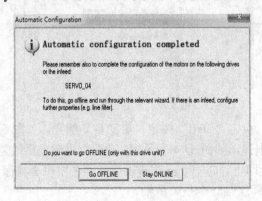

图 5.75　保持在线

(5) 自动配置完成后，导航栏中将出现所有可被软件自动识别的驱动系统对象。三个轴在 Drives 页签下可以看到，如图 5.76 所示。

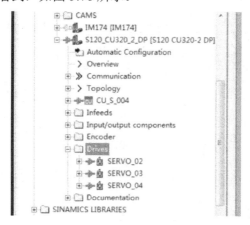

图 5.76　配置好的轴

4. 通过控制面板检查电机运行状况

在线配置完驱动器后需要对电机进行试车，用控制面板进行调试。

(1) 在导航栏中找到 SERVO_02 下的"Expert list"，双击"Expert list"，导航栏右侧界面将切换至"Expert list"界面，如图 5.77 所示。

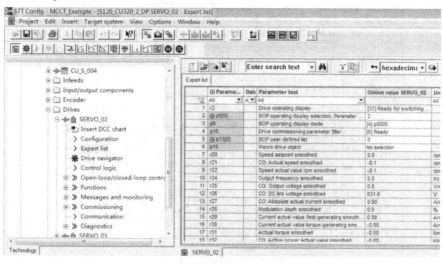

图 5.77　专家列表

(2) 在"Expert list"界面中找到参数"P864"，也可以在任意空白处单击鼠标，输入数字"864"即可找到该参数。单击如图 5.78 所示框选位置。

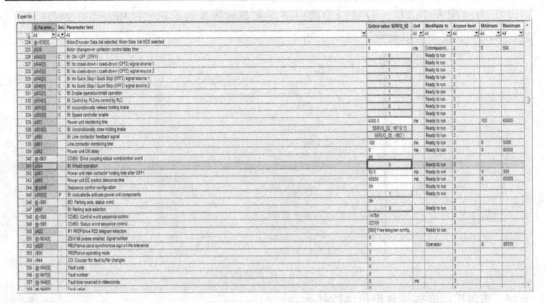

图 5.78　输入列表参数

(3) 在弹出窗口中的 "P no." 列中，选中 "1"，单击 "OK" 按钮确认，如图 5.79 所示。

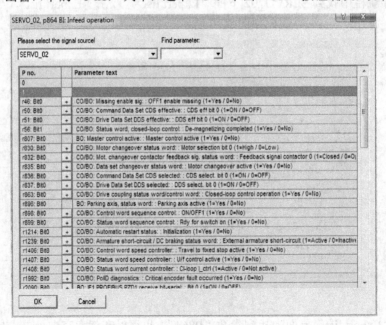

图 5.79　确定参数

P864 参数的意思为：整流单元运行的反馈信号，驱动器只有收到来自整流模块供电完成的信号才能工作。也可将该参数连接至数字输入端或对该参数直接进行赋值，但在启动电机之前，必须保证该参数的值为 1。

(4) 在导航栏中找到"Control panel"，双击"Control panel"，导航栏下侧界面将切换至"Control panel"界面，如图 5.80 所示。

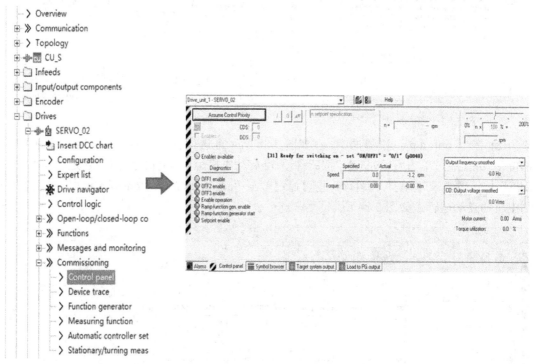

图 5.80　选择控制面板

(5) 在"Control panel"界面中单击"Assume Control Priority"按钮，如图 5.81 所示。

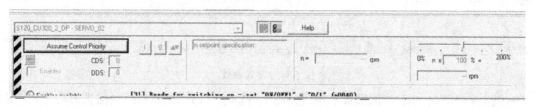

图 5.81　控制面板界面

(6) 在弹出窗口中，单击"Accept"按钮，如图 5.82 所示。

(7) 在"Control panel"界面中勾选"Enable"选项，如图 5.83 所示。

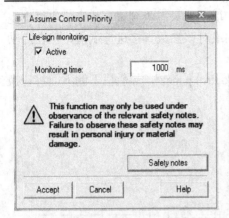

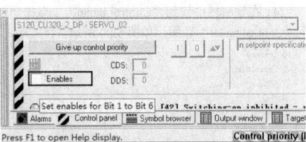

图 5.82　接收参数　　　　　　　　　图 5.83　使能轴

(8) 在"Control panel"界面中，在如图 5.88 所示框选位置中可输入电机运行时的转速，单位是 rpm。通过单击"Drive ON"按钮 I 即可启动电机运行。电机运行后，通过单击"Drive OFF"按钮 0 即可停止电机运行。也可通过单击"Jog button via control panel"按钮▲▼控制电机的点动运行，如图 5.84 所示。

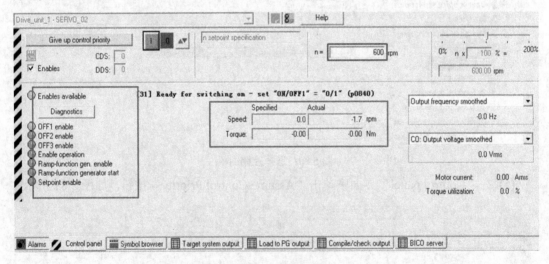

图 5.84　设置参数

整个 Control panel 内能够显示使能、停车等信号，也能实时监控到电机的转速、转矩(以及各个使能信号)。

(9) 结束此电机调试要先放弃控制权，将 Enable 的对钩去掉，单击黄色按钮"Give up control priority"，在弹出的对话框单击"Yes"按钮确认，如图 5.85 所示。

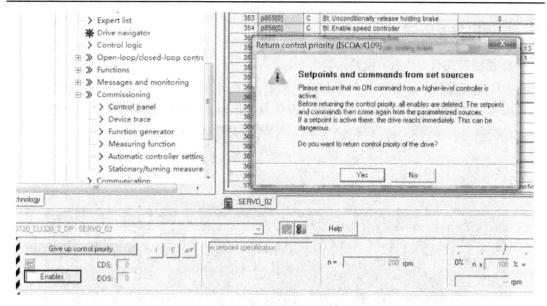

图 5.85　结束电机调速

(10) 以上操作都是在线完成的，全部完成之后需要上传至控制器中。

五、思考

(1) 以太网、PROFINET、Drive-CliQ 有何区别？

(2) 如果改变 Drive-CLiQ 接线的顺序，还能不能正常使用自动配置的信息？如果不能使用，修改拓扑结构，并下载调试。

5.3　实训三　利用外部开关控制电机启停

一、实训目的

(1) 了解外部开关与本系统的硬件连接；

(2) 掌握工程的上传下载；

(3) 掌握实轴的速度配置方法；

(4) 掌握使用外部开关在 S120 中组态控制电机的启停。

二、实训准备

本章实训二的项目文件，保证硬件设备连接正常，设备上电，连接上调试计算机。

三、实训内容及原理

1. 面板开关与 CU 数字量输入输出

人机交互面板装有 20 个双位置开关，其中的 16 个开关接入至控制单 CU320-2 PN，4 个开关接入至低压配电系统的端子排中。双位开关使用方法如图 5.86 所示。

图 5.86　双位开关的动作示意

在线设备，打开 CU 的 Inputs/Outputs，拨动面板按钮 DI0，即可看到 DI0 的灯由灰色变为绿色。如图 5.87 所示为软件中实时显示的开关状态。

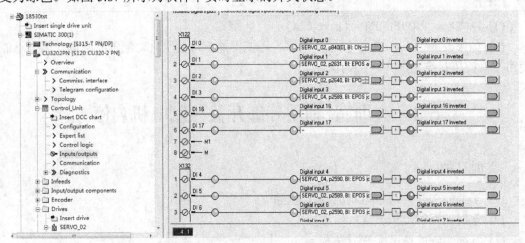

图 5.87　软件中显示开关的实时状态

打开"Control_Unit"下的"Expert list"找到 r722，点开前面的加号，可以看到 r722.0 到 r722.21 对应从输入输出端子映射到专家列表，如图 5.88 所示。拨动开关 DI0，r722.0 从"Low"变为"High"。

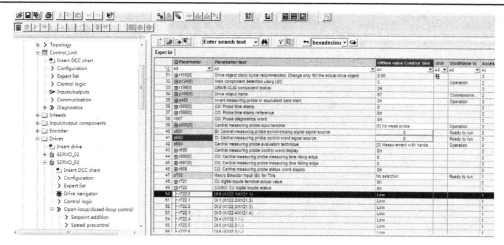

图 5.88　专家列表的显示状态

四、实训步骤

1. 配置参数 P840

(1) 打开已经建好的项目，在离线状态下编辑。S120 的配置操作如果在离线状态下修改，需要在线设备下载程序。如果是在线状态下修改程序，离线后的文件还是原文件，没有任何修改，在线下载就会再次将没有修改的原文件下载进去，所以在线修改后需要将配置上载到电脑。

如图 5.89 所示，从左侧导航菜单双击打开对应电机下的"Control logic"界面，从右边的页面单击 p840 的蓝色矩形 BICO 连接，找到 CU_S_004 的 r722：Bit0，即第一个 DI 开关(DI0)。"Control logic"设置 p840 如图 5.89、图 5.90、图 5.91 所示。

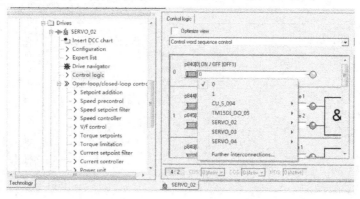

图 5.89　Control logic 设置 p840(1)

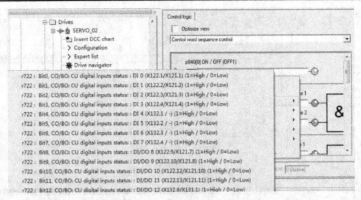

图 5.90　Control logic 设置 p840(2)

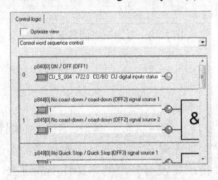

图 5.91　Control logic 设置 p840(3)

(2) 也可以直接打开专家列表，找到参数 p840，单击 value，在弹出的对话框中找到 CU，连接到 CU_S：r722:Bit0。如图 5.92、图 5.93 所示为专家列表设置 p840。

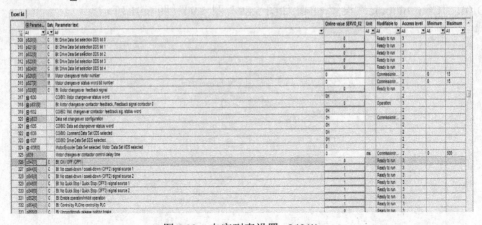

图 5.92　专家列表设置 p840(1)

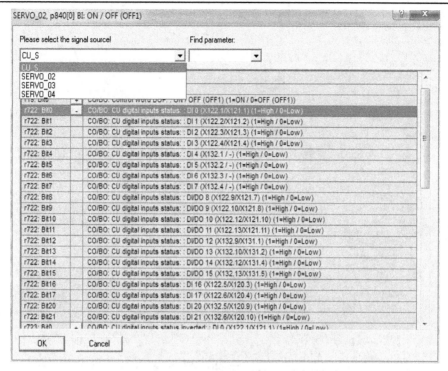

图 5.93　专家列表设置 p840(2)

参数 p840 表示："ON/OFF1"指令的数值或信号源。

参数 r722 表示：CU 数字输入状态。

r722：Bit0 代表 CU 数字输入的第 1 路信号。

将参数 p840 的值设置为 r722.Bit0，表示将"ON/OFF1"指令的信号源设置为 CU 数字输入的第 1 路信号，通过 CU 数字输入的第 1 路信号的信号状态，就可控制"ON/OFF1"指令的选择。

2. 电机速度设定值配置

(1) 在如图 5.94 所示，导航栏中找到"Setpoint addition"，双击"Setpoint addition"，导航栏右侧界面将切换至"Setpoint addition"界面。

(2) 单击如图 5.95 所示框选位置，选择"SERVO_02"，单击"p2900 ： Co： Fixed value 1 [%]"，将速度设定值 p1155 连接到固定值 p2900 上。

(3) 如图 5.96 所示，设置参数 P2900 的值为 20.00，表示将电机运行时的转速设定为电机额定转速的 20%。此时电机运行时的转速设定值为 6000 r/min × 20% = 1200 r/min，将拨码 DI0 打到 ON 状态，观察电机运行状况。

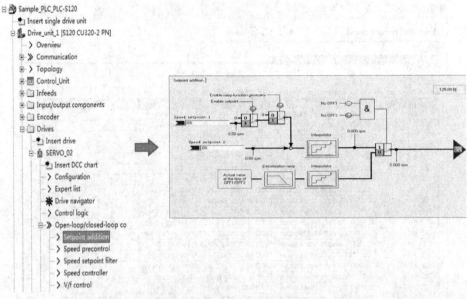

图 5.94　"Setpoint addition"界面

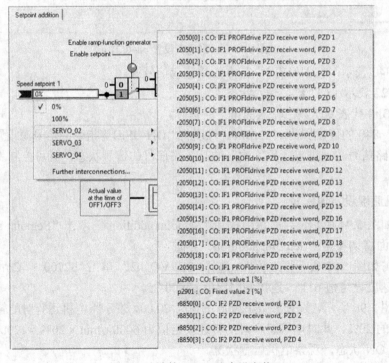

图 5.95　连接 p2900 速度设定值

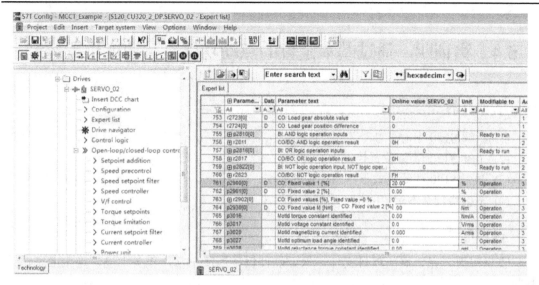

图 5.96　设置 p2900 数值(1)

(4) 如图 5.97 所示，修改速度设定值为–20，查看电机的电压、电流、转速的变化趋势。

	⊞ Parame...	Data	Parameter text	Online value SERVO_02	Unit	Modifiable to	Access
	All	A	All	All	All	All	All
753	r2723[0]	D	CO: Load gear absolute value	0			1
754	r2724[0]	D	CO: Load gear position difference	0			1
755	⊞ p2810[0]		Bi: AND logic operation inputs	0		Ready to run	2
756	⊞ r2811		CO/BO: AND logic operation result	0H			2
757	⊞ p2816[0]		Bi: OR logic operation inputs	0		Ready to run	2
758	⊞ r2817		CO/BO: OR logic operation result	0H			2
759	⊞ p2822[0]		Bi: NOT logic operation input, NOT logic oper.	0		Ready to run	2
760	⊞ r2823		CO/BO: NOT logic operation result	FH			2
761	p2900[0]	D	CO: Fixed value 1 [%]	–20.00	%	Operation	3
762	p2901[0]	D	CO: Fixed value 2 [%]	0.00	%	Operation	3
763	⊞ p2902[0]		CO: Fixed values [%], Fixed value +0 %	0	%		1
764	p2930[0]	D	CO: Fixed value M [Nm]	0.00	Nm	Operation	3
765	p3016		Motid torque constant identified	0.00　Value: 0.00 (min: -100000 ; max: 100000)			3
766	p3017		Motid voltage constant identified	0.0	Vrms	Operation	3
767	p3020		Motid magnetizing current identified	0.000	Arms	Operation	3
768	p3027		Motid optimum load angle identified	0.0	□	Operation	3
769	p3028		Motid reluctance torque constant identified	0.00	mH	Operation	3
770	p3030		Motid angular commutation offset identified	0.00		Operation	

图 5.97　设置 p2900 数值(2)

五、思考

通过 Trace 记录不同速度下电压电流转速的时域图。

5.4　实训四　通过基本定位的点动功能进行速度位置控制

一、实训目的

(1) 了解 S120 中 LU 的含义；

(2) 了解 S120 速度/位置控制的原理；

(3) 掌握 S120 离线模式下组态实轴的方法；

(4) 掌握实轴基本定位的 Jog 功能的使用方法。

二、实训准备

本章实训二完成后的项目文件，保证硬件设备连接正常，设备上电，连接上调试计算机。

三、实训内容及原理

1. 位置给定

伺服驱动器自身有电流环和速度环，位置是上层控制系统给定的，可以来自 SIMOTION 控制器也可以来自 PLC，这里使用西门子 S120 的 CU 自带的 Basic Positioner 向驱动器发送位置设定值，位置控制器向速度控制器发送速度设定值，速度控制器向电流控制器发送电流设定值，伺服三闭环控制系统如图 5.98 所示。

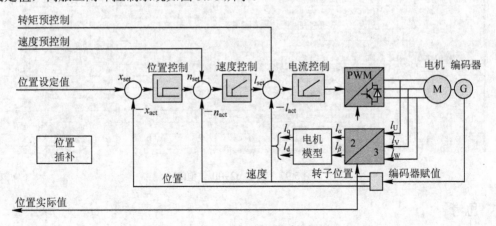

图 5.98　伺服三闭环控制系统框图

2. 轴的类型

线性轴位置的变化是从 0 一直向上累加或者从 0 一直向下减少，取决于零点的位置，如图 5.99 所示。

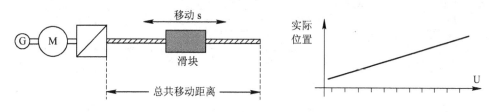

图 5.99　线性轴

模态轴每转一定的周期清零，如图 5.100 所示。如果以 360 度为一个周期，则圆盘每转一圈，位置清零一次。

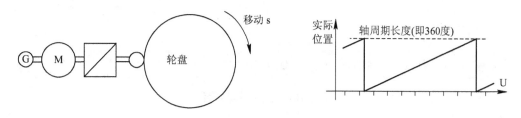

图 5.100　模态轴

四、实训步骤

1. 激活基本定位功能

(1) 在如图 5.101 所示左侧导航栏中找到需要配置的伺服轴，双击左侧"Configuration"，在右侧单击右上方"Configure DDS…"(Drive Data Sets Configure)进入设置界面。

(2) 在线配置 DDS 会提示需要离线配置，如图 5.102 所示。

(3) 离线后单击"Configure DDS"按钮，将"Basic positioner"勾选上，单击"Next"进入下一页面，如图 5.103 所示。Function module 里边对应四种设置：

① Extended setpoint channel 为扩展设定通道，包括多段速度设定、速度限制、斜坡函数发生器等。

② Technology controller 为技术控制器，即 PID 控制器。

③ Basic positioner 为基本定位，包括回零、位置点动、64 个程序步、MDI 等。

④ Extended messages/monitoring 为扩展信息监控，包括电机转速、负载扭矩等量的监控。

这里只激活了第三项，也可以根据需要进行不同功能的激活。

图 5.101　DDS 设置界面

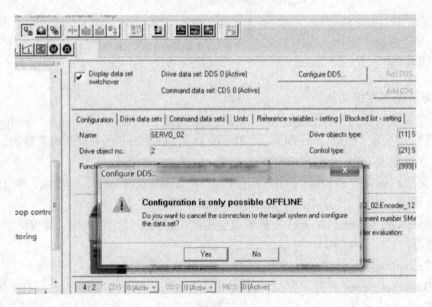

图 5.102　提示对话框

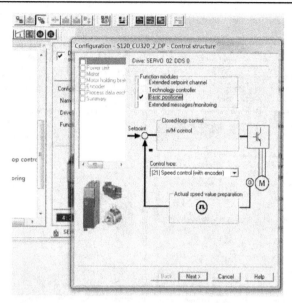

图 5.103　选择功能模式

(4) 如图 5.104 所示，可以看到电源模块的型号、功率、额定电流，电压等信息。型号可以从模块的铭牌上找到。单击"next"按钮进入下一页面。

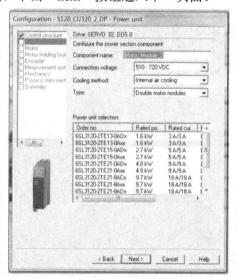

图 5.104　设置电源型号

(5) 如果提示用其他的 CU 模块控制，如图 5.105 所示，则需要将 Infeed in operation P864 设置成为 1，之后点击下一步，如图 5.105 所示。其余的信息保持默认状态即可。单击"Next"

按钮进入下一页面。

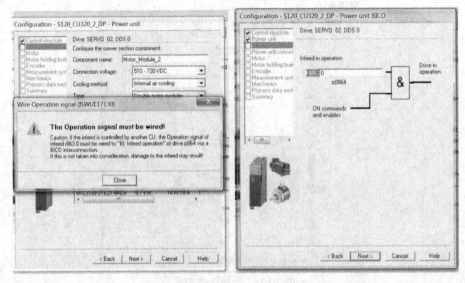

图 5.105　通过 P864 置位设置电源

(6) 供电单元的连接保持默认设置即可。单击"Next"按钮进入下一页面，如图 5.106 所示。

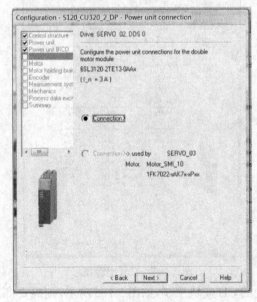

图 5.106　供电单元默认连接

(7) 本设备的电机都是由 Drive-CLIQ 接口连接到驱动器上,能够自动识别电机的参数。如使用其他型号的电机也可以从如图 5.107 所示的选项中进行选择。单击"Next"按钮进入下一页面。

图 5.107　配置电机参数

(8) 如图 5.108 所示页面为电机的抱闸选项,根据电机铭牌可以确认是否有抱闸。单击"Next"按钮进入下一页面。

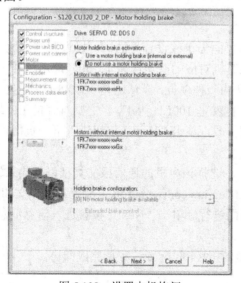

图 5.108　设置电机抱闸

(9) 如图 5.109 所示页面为编码器选择，本设备电机只配有一个编码器，保持默认设置，单击 "Next" 按钮进入下一页面，确认测量系统所使用的编码器。继续单击 "Next" 按钮进入下一页面。

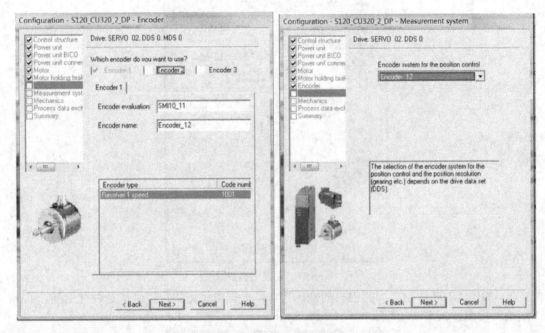

图 5.109　设置电机编码器

(10) 如图 5.110 所示页面为机械设置界面，可以设置减速比、一圈对应的 LU 以及选择是否选用模态轴等。减速机对应的减速比为 1：50，即电机转 50 圈负载跟随转动 1 圈，LU 是在 S7-Tech 里边定义的一种单位，默认的是 10000LU。如果定义成 36000 即负载转动一圈对应的是 36000LU，也就是 100LU 为 1°，之后描述的 LU 均是基于该设置进行的。也可以根据实际需求进行修改。单击 "Next" 按钮进入下一页面，系统会提示设定值过大，点击 "No" 按钮继续。

(11) 如图 5.111 所示，选择该电机的通信报文类型以及输入输出数据的长度，这里可以保持默认设置，之后在 telegram configuration 中配置对应报文和数据长度，如需要更改设备地址，则在硬件组态界面进行。单击 "Next" 按钮进入信息汇总界面，单击 "Finish" 按钮完成设置。

(12) 如图 5.112 所示，在线下载配置，等待完成即可。

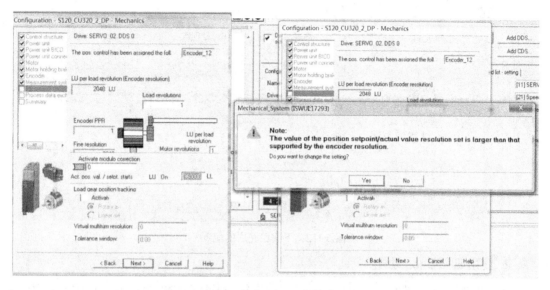

图 5.110   电机的机械设置界面

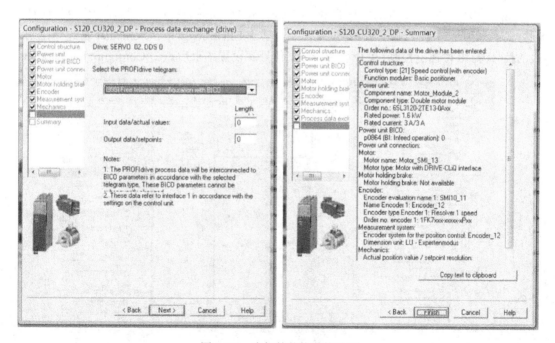

图 5.111   电机的其他参数设置

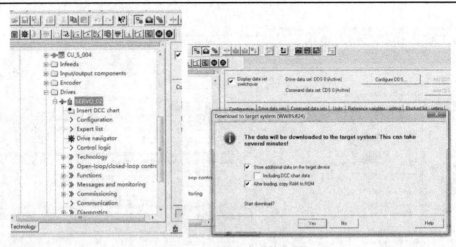

图 5.112　下载已完成的配置

2. 使用 EPOS jog 功能

(1) 如图 5.113 所示，在左侧导航栏轴下的中找到 Basic positioner 里边的 Jog 双击，进入点动设置界面。

Jog 功能中存在两个点动信号源输入(EPOS jog 1/2 signal source)，并且动作分为两种控制方式：一种是速度控制，一种是位置控制。其中 EPOS jogging incremental 是选择控制方式的信号源，0 位速度控制，1 位位置控制。信号源设置结束后点击 Configure jog setpoints。

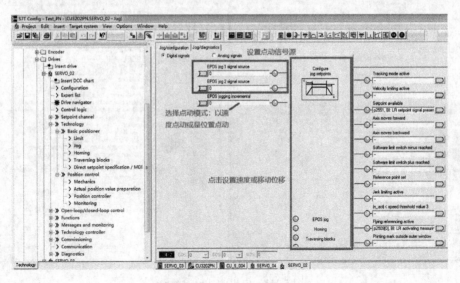

图 5.113　Jog 点动设置界面

(2) 在弹出 Configure jog setpoints 对话框中，上半部分是速度控制值的设定，下半部分是位置控制转动的距离，如图 5.114 所示。这里位置控制的速度是用 Expert list 里边 P1058/P1059(点动速度设定值)进行设置的。注意，使用 Basic positioner 中的 Jog 指令时，需要先设置 P840 为 1(电机使能)，并且 P2550 也为 1，才能通过 Jog 指令使电机运转(因为位置调节器使能是通过 P2549 与 P2550 "与"连接得到的结果进行的)。速度后面需要乘以 1000 才是实际的速度设定值。

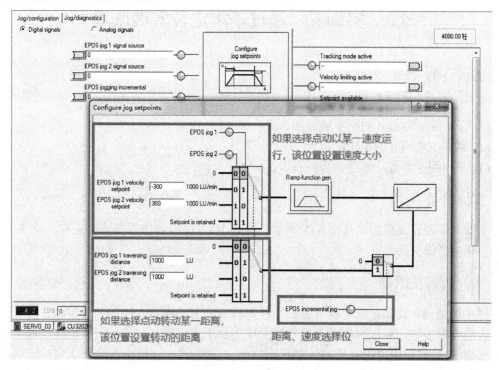

图 5.114　Jog 参数设置

Jog 设置参数说明：

(1) 两个点动命令，使能分别为 P2589/P2590。

(2) 点动方式有两种：速度模式和位置模式，由 P2591 控制。

(3) 速度模式(travel endless)：点动按钮按下，轴以设定的速度以及限位中设置的加减速度运行直至按钮释放，其中速度由 P2585/P2586 给定。

(4) 位置模式(travel incremental)：按下点动按钮并保持，轴以设定的速度运行固定长的距离会自动停止。其中相对位置由 P2587/P2588 指定。再次按下点动按钮，轴仍然运行这个固定长的距离，依次叠加位置。

(5) 若两个点动都启动，则轴保持运行先给出的点动命令。

五、思考

(1) 启动后再改变速度点动功能的速度会不会即时改变?

(2) 点动位置后还未结束上一段指令再给出新指令是电机在何种运行状态,用 trace 监控位置,观察波形图。

5.5　实训五　通过基本定位实现回零

一、实训目的

(1) 了解伺服电机回零的各种模式的区别;

(2) 了解各回零方式的回零参数的含义;

(3) 掌握实轴回零的操作;

(4) 掌握回零参数、参考信号的设置。

二、实训准备

本章实训四完成后的项目文件(将外部开关恢复),保证硬件设备连接正常,设备上电,连接上调试计算机。

三、实训内容及原理

回零点是伺服控制系统中很重要的一环,只有确定了原点才能继续后续的任务。找原点的方法有很多种,可根据所要求的精度及实际要求来选择。找原点可以通过伺服电机自身完成(有些品牌伺服电机有完整的回原点功能),也可通过上位机配合伺服完成。回原点的原理常见的有以下几种。

伺服电机寻找原点时,当碰到原点开关马上减速停止,以此点为原点。这种回原点方法无论是选择机械式的接近开关还是光感应开关,回原点的精度都不高,会受温度和电源波动等的影响,信号的反应时间每次会有差别,再加上从回原点的高速突然减速停止的过程,就算排除机械原因,每次回的原点差别也会在丝级以上。

回原点时直接寻找编码器的 Z 相信号,当有 Z 相信号时,马上减速停止。这种回原方法一般只应用在旋转轴,回原速度不高,精度也不高。

还有一种回原方法是电机先以第一段高速去找原点开关,找到原点开关信号时,电机马上以第二段速度寻找电机的 Z 相信号,第一个 Z 相信号一定是在原点挡块上(高档的数控机床及中心机的原点挡块都是机械式而不会是感应式的,且其长度一定大于电机一圈的长度)。找到第一个 Z 相信号后，此时有两种方式，一种是挡块前回原点，一种是挡块后回原点(挡块前回原点较安全，多用于欧系，挡块后回原点工作行程会较长，多用于日系)。以挡块后回原为例，找到挡块上第一个 Z 相信号后，电机会继续往同一方向转动寻找脱离挡块后的第一个 Z 相信号。一般这就是真正原点，但因为有时会出现此点正好在原点挡块动作的中间状态，易发生误动作，再加上其他工艺需求，可再设定一偏移量，此时，这点才是真正的机械原点。此种回原方法是最精准的，且重复回原精度高，主要用在数控机床上。

1. 回零的外部接口

外部接口的含义如图 5.115 所示。

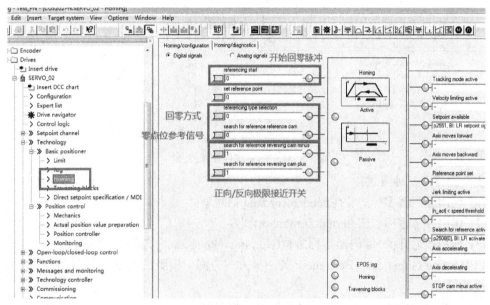

图 5.115　回零的外部接口定义

2. 回零方式

回零分为主动回零/被动回零，有以下主要参数：

(1) Reference start：回零开始信号，上升沿有效；

(2) Reference type selection：回零方式选择，0 为主动回零，1 为被动回零；

(3) search for reference cam：零点位参考信号；

(4) search for reference reversing cam minus/pulse：寻找正反极限位置反转，如果遇到左/右极限开关位置后需要反转则设置为 1，如果遇到左/右极限开关位置后停止运行则设置为 0。需要设置左右极限开关位置，则在右下角 STOP cam plus/minus active 输入对应信号源。

回零过程设置界面如图 5.116 所示。

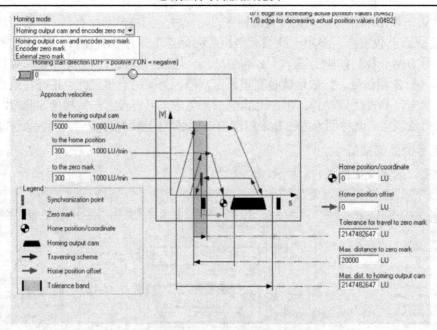

图 5.116　回零过程设置界面

主动回零有三种方式:

(1) 仅用编码器零标志位(Encoder Zero mark)回零;

(2) 仅用外部零标志(External Zero mark)回零;

(3) 使用接近开关+编码器零标志位(Homing output cam + Zero mark)回零。

以 Homing output cam+Zero mark 的回零方式为例,按照图 5.120 可以看到各个过程的速度设定值:

(1) to the homing output cam:寻找外部凸轮的速度;

(2) to the zero mark:找编码器零脉冲的速度;

(3) to the home position:到零点位的速度;

(4) Home position/coordinate:零点位置设定值,如果为 0,回零之后当前的位置就为 0,如果设置为 10,回零之后当前的位置就为 10;

(5) Home position offset:找到编码器零脉冲后的偏移量;

(6) Tolerance for travel to zero mark:允许到零点位的最大距离,如果超过此距离回零失败会报错;

(7) Max. distance to zero mark:找编码器零脉冲的最大距离,如果超过此距离回零失败会报错;

(8) Max.dist. to homing output cam:找外部凸轮的最大距离,如果超过此距离回零失败会报错。

四、实训步骤

1. 主动回零的外部 cam＋Zero mark 举例

(1) 连接 p840 到触摸屏的开关 DI2 即 r722.2，如图 5.117 所示。

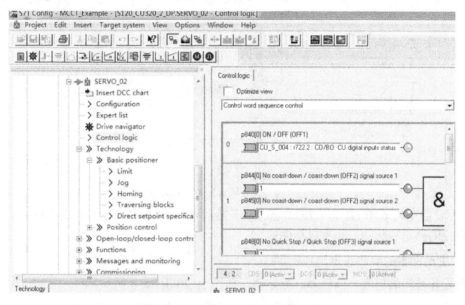

图 5.117　连接 p840 与触摸屏开关

(2) 如图 5.118 所示从左侧导航栏找到 homing，这里将回零开始连接到 r722.0。如果没有外部 cam，可以用一个开关代替，这里是连到 r722.1。

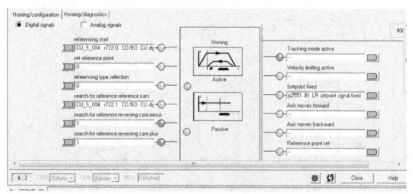

图 5.118　连接 homing 和外部 cam

(3) 设置回零时的各个速度以及偏移量等，如图 5.119 所示。

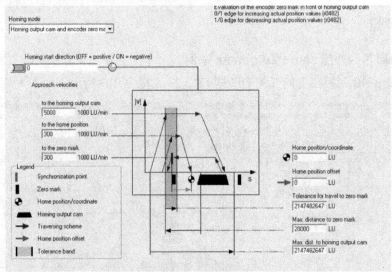

图 5.119　设置回零速度和偏移量

(4) 使能电机 p840 置 1，r722.0 置 1，开始回零，当收到外部 cam 信号 r722.1 置 1 向反方向找编码器零脉冲，回零过程完成。

2. 主动回零的编码器零脉冲回零

设置各过程的速度、偏移量、限定值，如图 5.120 所示。

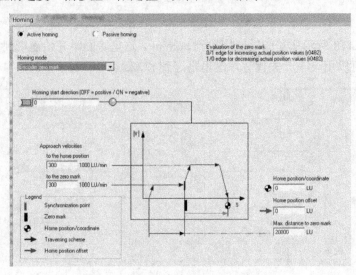

图 5.120　设置编码器零脉冲回零参数

使能电机 p840 置 1，r722.0 置 1，开始回零，找到编码器零脉冲，回零过程完成。

3. 主动回零的外部零点回零

设置各过程的速度、偏移量、限定值，外部零点位这里选择的是 DI/DO 9 为对象的一个光点距离传感器，如图 5.121 所示。

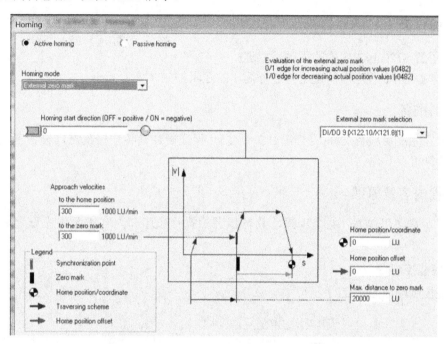

图 5.121　外部零点回零

使能电机 p840 置 1，r722.0 置 1，开始回零，找到编码器零脉冲，回零过程完成。

4. 直接设定参考点(Set Reference)

通过用户程序可设置任意位置为坐标原点。通常情况下只有当系统既无接近开关又无编码器领脉冲，或者当需要轴被设置为一个不同的位置时才使用该方式。

连接一数字量输入点至参数 p2596 作为设置参考点信号位，该位上升沿有效。

使能电机 p840 置 1，p2596 置 1，把当前位置设置为 p2599 中设定的值，如 p2599=0 则 r2521=0。

五、思考

(1) 如果回零速度快一些或者慢一些对于回零的效果有何影响？

(2) 修改各个偏移量看回零的效果如何。

(3) 使用 trace 保存回零过程的曲线。

5.6　实训六　通过基本定位的程序步实现电机的简单逻辑控制

一、实训目的

(1) 了解 S120 基本定位的程序步原理；
(2) 掌握 S120 程序步的使用并进行简单的逻辑控制。

二、实训准备

实训四完成后项目文件(将外部开关恢复)，保证硬件设备连接正常，设备上电，连接上调试计算机。

三、实训内容及原理

程序步最多可以有 64 个步骤，具体步骤的执行顺序和内容按照预先设定的执行表执行。

1. 使能控制端

使能控制端如图 5.122 所示。

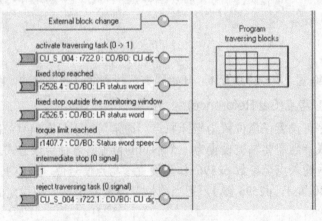

图 5.122　使能控制端

(1) activate traversing task：p2631 置 1 时开始执行程序步；
(2) intermediate stop：p2640 置 0 时，轴将以减速度 p2620 减速停车；
(3) reject traversing task：p2641 置 0 时，轴将以最大减速度 p2573 减速停车。

所以运行时 p2640 和 p2641 置 1。

2. 开始步骤配置

配置程序步如图 5.123 所示。

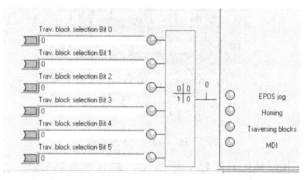

图 5.123　配置程序步

由 6 个位组成，从 0-63 共 64 个步骤，这里是程序步开始执行的步骤。一般从六个 0 即二进制的 000000 开始。

3. 步骤配置界面

步骤配置界面如图 5.124 所示。

p2616	p2621	p2622	p2623.8/9	p2617	p2618	p2619	p2620	p2623.4/5/6	p2623.0
Index	Job	Parameter	Mode	Position	Velocity	Acceleration	Deceleration	Advance	Hide
1	0 POSITIONING	0	ABSOLUTE (	0	600	100	100	CONTINUE_FLYING (2	☐

图 5.124　步骤配置界面

p2616(No.)每个程序步都要有一个任务号，运行时按照任务号顺序执行(-1 表示无效的任务);

p2621(Job)表示该程序步的任务，如图 5.125 所示。有 9 种任务可供选择;

p2622(Parameter)依赖于不同的 Job，对应不同的 Job 有不同 的含义;

p2623.8/9(Mode)定义定位方式，绝对模式还是相对模式， 仅当任务(Job)为位置方式 (Positioning)时有效;

p2617/P2618/P2619/P2620 (Position、Velocity、Acceleration、Deceleration)指定运动的位置、速度、

Index		Job	Paramet
1	-1	POSITIONING ▼	0
2	-1	POSITIONING	0
3	-1	FIXED STOP	0
4	-1	ENDLESS_POS	0
5	-1	ENDLESS_NEG	0
6	-1	WAITING	0
7	-1	GOTO	0
8	-1	SET_O	0
9	-1	RESET_O	0
10	-1	JERK	0
		POSITIONING	

图 5.125　Job 指令的介绍

加/减速度；

p2624. /5/6(Advanced)指定本任务结束方式，如图 5.126 所示；

p2623.0(Hide)跳过本条程序步不执行该任务。

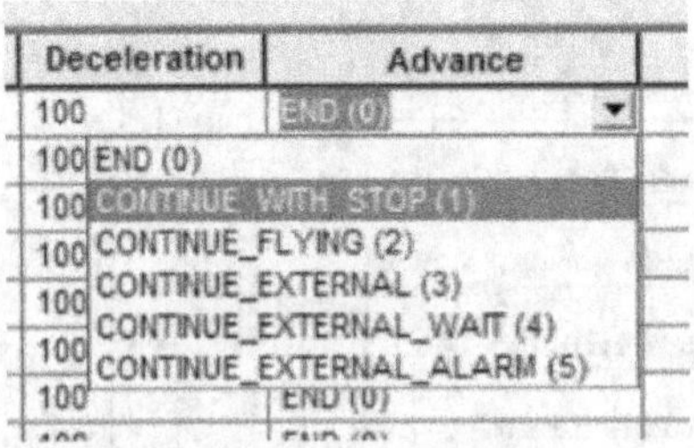

图 5.126　Advance 的介绍

POSITIONING：相对或绝对定位 p2623，p2627 为位置设定值。

ENDLESS_POS/ENDLESS_NEG：加速到指定速度后一直运行，直到限位/停步命令/block change 速度。

WAITING：等待时间由 p2622 设定(单位 ms)，并修正到 p0115[5]的整数倍。

GOTO：移到指定的块号开始运行。

SET_O/RESET_O：对开关量输出置位或复位，一共可组态两个输出。

JERK：激活或取消 JERK。

CONTINUE_WITH_STOP：精确地到达要求的位置之后切换到下面的程序步。

CONTINUE_FLYING：执行完该次 Task 后不停止，直接运行下一任务。　如果运行方向需改变，则先停止状态再运行下一任务。

CONTINUE_EXTERNAL：同 CONTINUE_FLYING 一样，但外部信号可立即切换下一任务。

CONTINUE_EXTERNAL_WAIT：同 CONTINUE_EXTERNAL 一样，但如果到达目标位置后仍没有外部触发，则会保持在目标位置等待外部信号。

CONTINUE_EXTERNAL_ALARM：同 CONTINUE_EXTERNAL_WAIT，但如果到达目标位置后仍没有外部信号，将输出报警信号 A07463。

四、实训步骤

1. 配置使能控制端

如图 5.127 所示，点击右侧电机配置菜单栏中基本定位目录下的 Traversing blocks，进入程序步配置界面，配置好使能控制；单击右边 Program traversing blocks 图案，在弹出的对话框中配置操作内容。

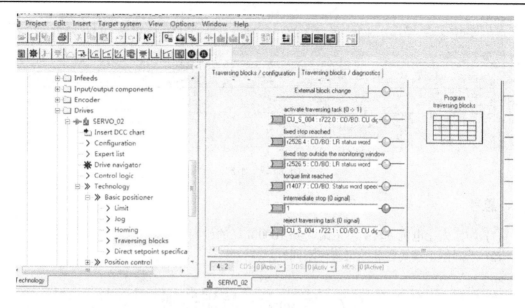

图 5.127 配置使能控制

2. 配置程序步操作过程

(1) 按顺序将步骤、Job、Parameter、Mode，Position，Velocity，Acceleration，Deceleration，Advance，Hide，逐一修改，如图 5.128 所示。

Index		Job	Parameter	Mode	Position	Velocity	Acceleration	Deceleration	Advance	Hide
1	-1	POSITIONING	0	ABSOLUTE (	0	600	100	100	END (0)	
2	-1	POSITIONING	0	ABSOLUTE (	0	600	100	100	END (0)	
3	-1	POSITIONING	0	ABSOLUTE (	0	600	100	100	END (0)	
4	-1	POSITIONING	0	ABSOLUTE (	0	600	100	100	END (0)	
5	-1	POSITIONING	0	ABSOLUTE (	0	600	100	100	END (0)	
6	-1	POSITIONING	0	ABSOLUTE (	0	600	100	100	END (0)	
7	-1	POSITIONING	0	ABSOLUTE (	0	600	100	100	END (0)	
8	-1	POSITIONING	0	ABSOLUTE (	0	600	100	100	END (0)	
9	-1	POSITIONING	0	ABSOLUTE (	0	600	100	100	END (0)	
10	-1	POSITIONING	0	ABSOLUTE (	0	600	100	100	END (0)	
11	-1	POSITIONING	0	ABSOLUTE (	0	600	100	100	END (0)	
12	-1	POSITIONING	0	ABSOLUTE (	0	600	100	100	END (0)	

图 5.128 修改参数

(2) 使能电机 p840 置 1，p2631 置 1，驱动器就会按照预先设定好的步骤和内容进行运转，停止需要将 p2640 或 p2641 置 1 进行停止。

(3) 如图 1.129 所示是一个简单定位的示例。先走到绝对位置 150000LU 之后再回到 20000LU 的位置再回到 0LU 的位置再走到 100000LU 的位置。

注意：在使用绝对位置时，最好先将电机回零位。

(4) 走到绝对位置 5000LU，走到相对位置 5000LU，暂停 3 秒，走到绝对位置 0lu。

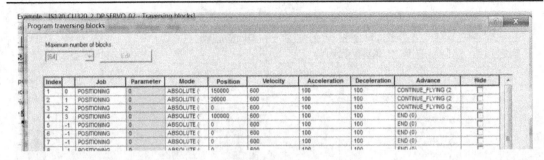

图 5.129　示例

五、思考

(1) 如何先让电机正转数秒后跳转到 10000LU 的位置?

(2) 不同停止模式实际效果有何不同?

5.7　实训七　转矩控制

一、实训目的

(1) 了解电机的转矩控制;

(2) 了解矢量控制和伺服控制的区别;

(3) 掌握使用 S120 进行简单的转矩控制。

二、实训准备

本章实训二完成后的项目文件,保证硬件设备连接正常,设备上电,连接上调试计算机。

三、实训内容及原理

1. 关于矢量控制方式

矢量控制,简单地说,就是将交流电机调速通过一系列等效变换,等效成直流电机的调速特性。想要深入了解,那就得了解变频器的数学模型、电机学等学科。

矢量控制原理是模仿直流电机的控制原理,根据异步电机的动态数学模型,利用一系列坐标变换把定子电流矢量分解为励磁分量和转矩分量,对电机的转矩电流分量和励磁分量分别进行控制。

在转子磁场定向后实现磁场和转矩的解耦，从而达到控制异步电机转矩的目的，使异步电机得到接近他励直流电机的控制性能。

具体做法是将异步电机的定子电流矢量分解为产生磁场的电流分量 (励磁电流)和产生转矩的电流分量(转矩电流)分别加以控制，并同时控制两分量间的幅值和相位，即控制定子电流矢量，所以称这种控制方式称为矢量控制方式。

2. 关于伺服控制模式

伺服系统(servo system)亦称随动系统，属于自动控制系统中的一种，它用来控制被控对象的转角(或位移)，使其能自动、连续、精确地复现输入指令的变化规律。伺服系统通常是具有负反馈的闭环控制系统，有的场合也可以用开环控制来实现其功能。在实际应用中一般以机械位置或角度作为控制对象的自动控制系统，例如数控机床等。使用在伺服系统中的驱动电机要求具有响应速度快、定位准确、转动惯量较大等特点，这类专用的电机称为伺服电机。其基本工作原理和普通的交直流电机相同。该类电机的专用驱动单元称为伺服驱动单元，有时简称为伺服，一般其内部包括转矩(电流)、速度和/或位置闭环。其工作原理简单地说就是在开环控制的交直流电机的基础上，将速度和位置信号通过旋转编码器、旋转变压器等反馈给驱动器做闭环负反馈的 PID 调节控制，再加上驱动器内部的电流闭环，通过这 3 个闭环调节，使电机的输出对设定值的准确性和时间响应特性都提高很多。伺服系统是个动态的随动系统，达到的稳态平衡也是动态的平衡。

四、实训步骤

1. 建立矢量轴

(1) 将 S120 恢复出厂设置，重新自动识别伺服电机建轴，这里要建矢量轴，如图 5.130 所示。

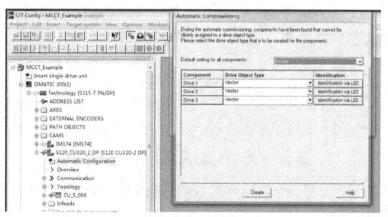

图 5.130　建立矢量轴

(2) 新建的轴就都变成 VECTOR。需要注意双轴驱动器模块上的两个电机必须都是同一种电机类型，即同为 VECTOR 或者同为 SERVO，如图 5.131 所示。

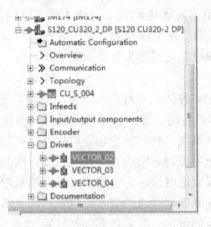

图 5.131　电机型号匹配

2. 转矩设置

(1) 如图 5.132 所示，从左侧找到 Torque setpoints，将 Additional torque 1 连接到 p2900。

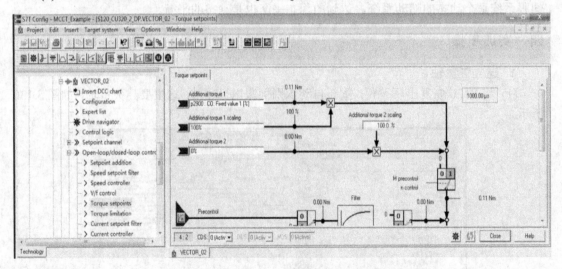

图 5.132　将 Additional torque 1 连接到 p2900

(2) 如图 5.133 所示将 Speed/torque 置 1。该位是做速度转矩模式选择，置 0 是速度模式，置 1 是转矩模式。

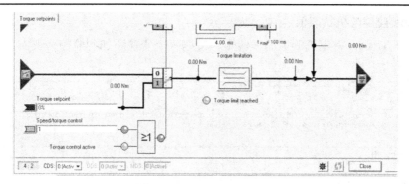

图 5.133　Speed/torque 置 1

3. 配置参数 p840

(1) 将 p840 连接到 r722.0，使能电机，如图 5.134 所示。

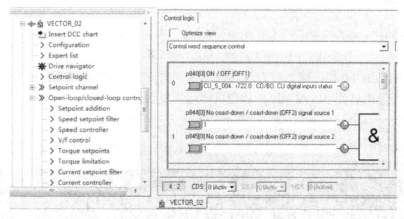

图 5.134　设置 p840 使能电机

(2) 打开专家列表，找到 p2900，从 1%逐步加大，由于所带负载不同，转矩的百分比也不同，本实训中加到 9%刚好使电机转起来，加到 10%电机就会飞车(由于电机几乎是空载状态)，所以需要一点一点向上加，如图 5.135 所示。

			Parame...	Dat	Parameter text	Online value VECTOR_02	Unit	Modifiable to	Access level	Minimum	Maximum
		All		All	All		All	All	All	All	All
910		⊞ p2810[0]			BI: AND logic operation inputs	0		Ready to run	2		
911		⊞ r2811			CO/BO: AND logic operation result	0H			2		
912		⊞ p2816[0]			BI: OR logic operation inputs	0		Ready to run	2		
913		⊞ r2817			CO/BO: OR logic operation result	0H			2		
914		⊞ p2822[0]			BI: NOT logic operation input, NOT logic op...	0		Ready to run	2		
915		⊞ r2823			CO/BO: NOT logic operation result	FH			2		
916		p2900[0]	D		CO: Fixed value 1 [%]	9.00	%	Operation	3	-10000	10000
917		p2901[0]	D		CO: Fixed value 2 [%]	0.00	%	Operation	3	-10000	10000
918		⊞ r2902[0]			CO: Fixed values [%] Fixed value p0 %						

图 5.135　专家列表调速 p2900

4. Trace 监控电机状态值

(1) 打开 Trace，将电机的电流、转矩、转速三个变量添加到监控列表内，如图 5.136 所示。

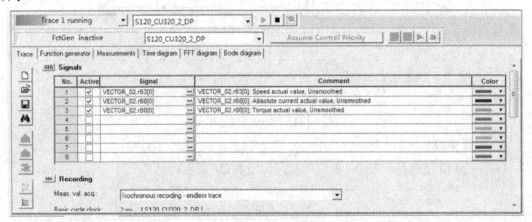

图 5.136　添加监控变量

(2) 监控后启动电机，施加阻力后可以观察到电流转矩仍保持在原来的震荡区间没有明显变化，转速明显变小，撤销阻力后电机转速恢复到之前的数值，如图 5.137 所示。

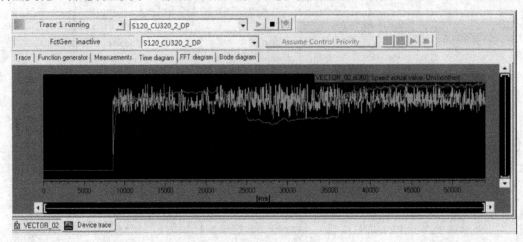

图 5.137　监控电机运行参数

五、思考

(1) 永磁同步电机的电流与转矩是什么样的关系？

(2) 优化电机参数使输出转矩更加平稳。

5.8 实训八 工艺轴的添加测试

一、实训目的

(1) 了解虚拟轴的使用原理;

(2) 掌握虚拟轴的建立方法;

(3) 掌握虚拟轴的测试方法。

二、实训准备

本章实训二完成后的项目文件,保证硬件设备连接正常,设备上电,连接上调试计算机。

三、实训内容及原理

工艺技术和运动控制在 SIMATIC-CPU 中的集成具有以下优势:

包括 CPUxT-2DP 和 MICROBOX 420-T 两种类型,是基于西门子 S7-300PLC、西门子嵌入式工控机(SIMATIC Microbox)平台的运动控制器。所有程序的编制工作都是基于 STEP7 软件环境。

西门子 SIMATIC PLC 工程师多年经验积累,完成的工艺程序块经过简单的拷贝、粘贴,就可以在 T-CPU 中使用。

硬件集成了 SIMATIC PLC 控制器和 Technology 运动控制器双内核。两个控制器的数据交换由硬件来完成,不需要用户额外编制任何程序。

位于 STEP7 编程库中的 S7-Tech Library,符合 PLCopen 标准,方便用户直接使用现成的运动控制指令,实现复杂的运动控制任务。

通过接口 PROFIBUS DP(Drive)连接驱动器。该接口优化了 PROFIBUS DP 的保温结构,通过了 PROFIBUS v3 行规认证,组成基于 PROFIBUS DP 总线结构、分布式的运动控制系统。既可以直接连接西门子的驱动控制器,也可以通过 IM174 接口模块连接非西门子的驱动器;既可以连接伺服控制器(同步电机)、变频驱动器(异步电机)、步进驱动器(步进电机),又可以连接液压伺服比例阀;既可以实现位置控制、速度控制,又可以完成多轴之间的位置同步控制。

四、实训步骤

1. 建立报文

(1) 重新建立一个项目,硬件组态后,只识别电机然后配置报文。在 S120 上单击右键找到"Communication"列表下的"Telegram configuration",如图 5.138 所示。

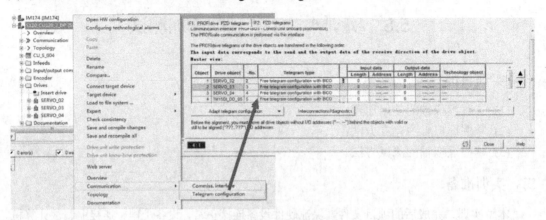

图 5.138　识别电机配置报文

(2) 从 1～999 号报文中有多个西门子提供的标准报文可供选择，这里伺服轴我们用的是 105 号报文，发送和接受都是 10 个字，这里显示的 Input data 和 Output data 都是相对 PLC 而言的，如图 5.139 所示。TM15 只用 1 个输入字就够了，如图 5.140 所示。CU 配置 2 个输入，2 个输出，如图 5.141 所示。

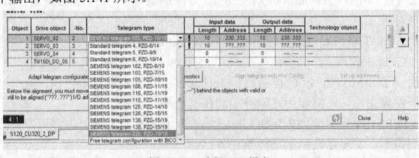

图 5.139　选择 105 报文

Object	Drive object	-No.	Telegram type	Input data Length	Input data Address	Output data Length	Output data Address	Technology object
1	SERVO_02	2	SIEMENS telegram 105, PZD-10/10	10	330..333	10	330..333	---
2	SERVO_03	3	SIEMENS telegram 105, PZD-10/10	10	???..???	10	???..???	---
3	SERVO_04	4	SIEMENS telegram 105, PZD-10/10	10	???..???	10	???..???	---
4	TM15DI_DO_05	5	Free telegram configuration with BICO	1	---..---	0	---..---	---

图 5.140　配置 TM15

	5	CU_S_004	1	Free telegram configuration with BICO	!	2	???..???	2	???..???	---

Without PZDs (no cyclic data exchange)

图 5.141　配置 CU

(3) 点击选择"Set up addresses"，将刚才的配置确认，确保与硬件组态的配置匹配，组态完红叹号的位置变为蓝色的对钩，地址也会自动分配好，如图 5.142、图 5.143 所示。

The input data corresponds to the send and the output data of the receive direction of the drive object.

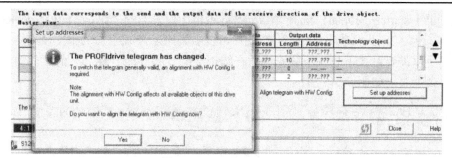

图 5.142　Set up addresses

Object	Drive object	-No.	Telegram type		Input data		Output data		Technology object
					Length	Address	Length	Address	
3	SERVO_04	4	SIEMENS telegram 105, PZD-10/10	✔	10	354..373	10	354..373	---
4	TM15DI_DO_05	5	Free telegram configuration with BICO	✔	1	374..375	0	--- ---	---
5	CU_S_004	1	Free telegram configuration with BICO	✔	2	376..379	2	266..269	---
Without PZDs (no cyclic data exchange)									

图 5.143　自动分配地址

(4) 在硬件组态的界面可以看到刚才在 starter 配置出来的地址在硬件组态显示出来，然后将硬件组态保存编译，下载组态，如图 5.144 所示。

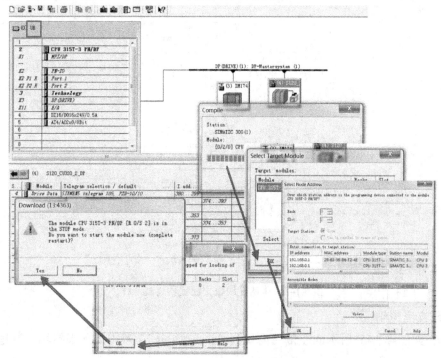

图 5.144　编译下载硬件组态

（5）回到 starter 的界面，选择"Target system"列表下的"select target devices"，将"Technology"勾选上，单击"OK"，在线后可以看到刚才离线组态的报文没有更改，还是红叹号，所以需要再次下载。下载完成后在线报文配置和离线一样，之前驱动器名称前的红叹号也会消失，如图 5.145 所示。

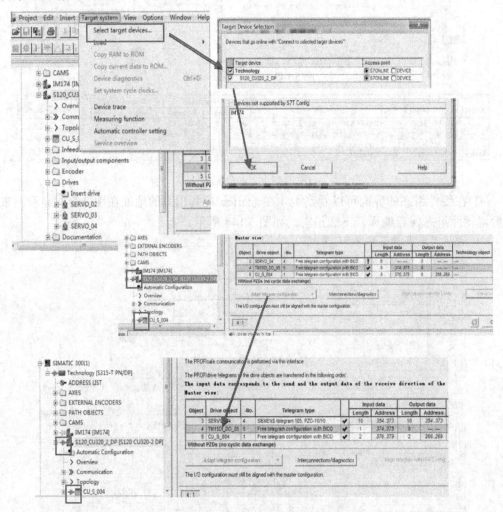

图 5.145　确认在线报文配置和离线一样

2. 建立虚拟轴

（1）在如图 5.146 所示的左侧栏内找到"Insert axis"，双击插入虚拟轴，这里选择了"Speed control、Positioning"。

图 5.146　插入虚拟轴

(2) 选择电机的形式：linear、Rotary；Electrical、Hydraulic、Virtual。单击"Configure units"按钮可以修改单位。单击"Next"按钮进入下一步，如图 5.147 所示。

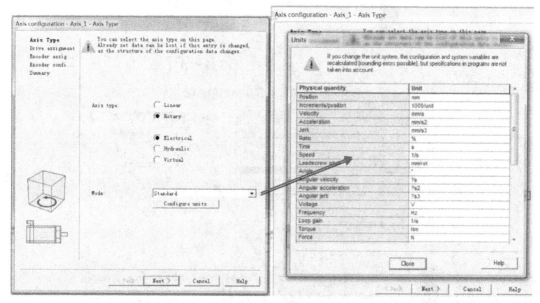

图 5.147　设置电机形式

(3) 先选择该虚拟轴对应的实轴，以及该电机的转速和转矩。虚拟轴的所有转速转矩参数必须与实体轴参数完全相同，通过点击"Data transfer from the drive"按钮，直接从自动组态的电机参数中读取该电机的最大转速、正常转速以及最大转矩，单击"Next"按钮进入下一步，如图 5.148 所示。

(4) 设置编码器的各项参数。与轴参数相同，通过点击"Accept encoder data from the drive"从自动组态的参数中读取编码器参数，本实训伺服电机带的编码器是增量型的旋转电位器，单击"Next"按钮进入下一步。确认信息，单击"Finish"按钮完成。如图 5.149 所示。

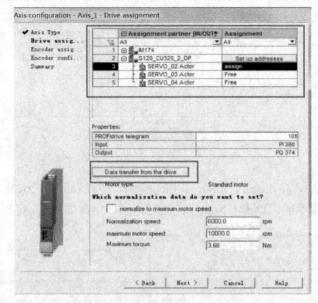

图 5.148　虚拟轴与真实电机的匹配

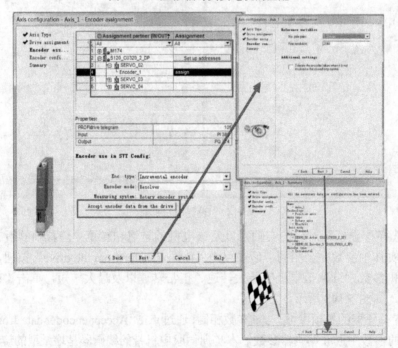

图 5.149　设置虚拟轴编码器参数

(5) 在虚拟轴中需要配置减速比，如图 5.150 所示，在左侧导航栏找到刚建的 Axis_1，在"Mechanics"选项修改减速比，本教学设备使用的是 50∶1 的减速箱，即电机旋转 50 圈，负载转 1 圈。电机端写 50。

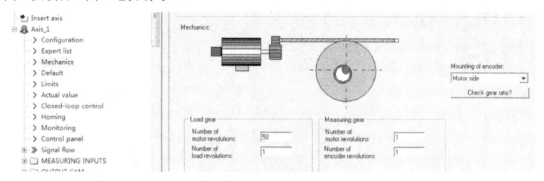

图 5.150　设置虚拟轴减速比

(6) 在线下载刚才的配置，Technology 和 Axis_1 前面的红绿色插头表示离线与在线不一致，下载完成后变为全绿，两边一致。如图 5.151 所示。

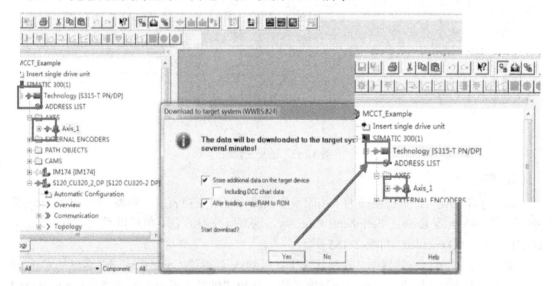

图 5.151　下载配置

3. 添加变量表

需要在变量表中将 CPU 打到测试模式。在 STEP7 界面 Blocks 内单击右键插入一个 Variable Table。如图 5.152 所示。

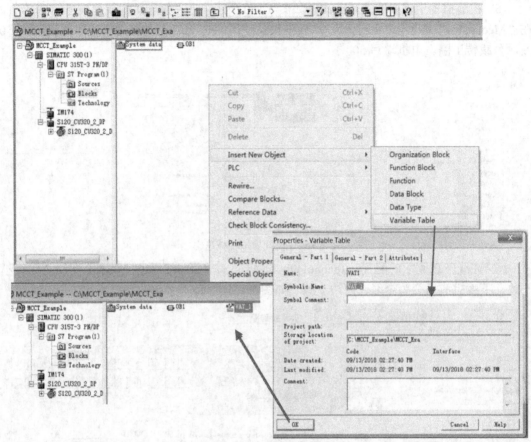

图 5.152　添加变量表

4. 使能 PQ

(1) 打开 VAT_1，单击前面的"小眼镜"图标，在线监控表后。先将 CPU 打到 stop 状态下，然后再激活 Enable Peripheral Outputs，这时监控表的右下角可以看到 CPU 是处于 STOP 状态，PQ enabled。如图 5.153 所示。

此时再回到 starter 的界面，在线状态下，找到 Axis_1 的 Control panel，这里的 Control panel 和建实轴的功能类似，可以测试刚才组态的虚拟轴是否可用。单击"Assume control priority"，获取控制优先级；单击"Accept"确认；单击"Set/Remove Enables"对轴使能；Speed specification 设置速度，这里设置为 200° s。如图 5.154 所示。

(2) 单击绿色三角伺服电机开始运行，单击向下箭头型按钮伺服电机停止运行，如图 5.155 所示。

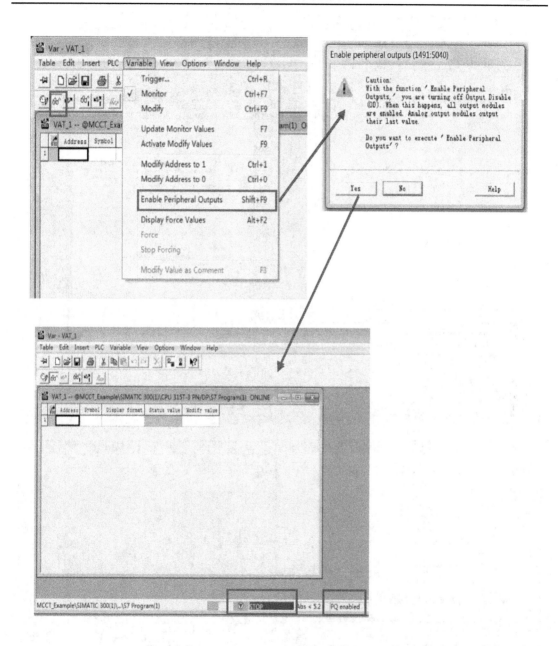

图 5.153　使能 PQ

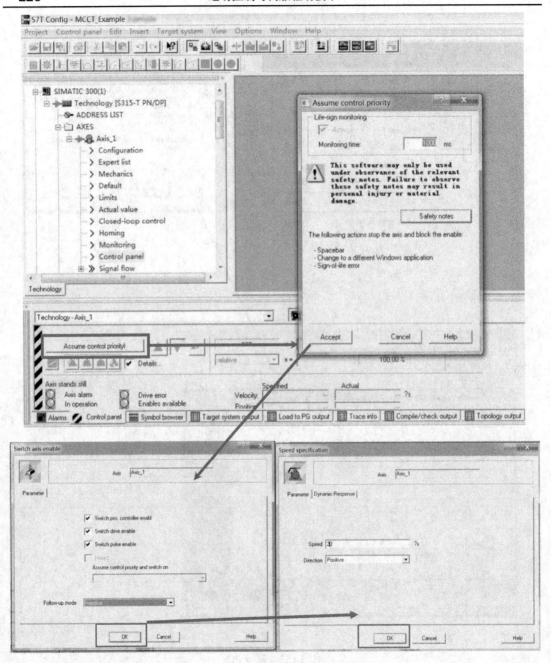

图 5.154　测试虚拟轴

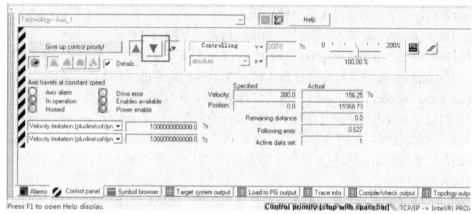

图 5.155 启停电机

(3) 虚拟轴控制结束后，切记要单击"Give up control priority"按钮，放弃控制优先级，关闭 Variable Table 的 Enable Peripheral Output。

五、思考

虚拟轴和实轴是如何对应的？

5.9 实训九 基本工艺块的使用

一、实训目的

(1) 了解虚拟轴对应数据块内部参数含义；
(2) 掌握虚拟轴回零配置；
(3) 掌握轴的使能、复位、回零、速度、位置等工艺块的使用；
(4) 掌握 STEP7 中使用基本工艺块驱动电机。

二、实训准备

本章实训七完成后的项目文件，保证硬件设备连接正常，设备上电，连接上调试计算机。

三、实训内容及原理

1. 虚拟轴的主动回零配置

本实训利用的就是虚拟轴的主动回零，需要调用 T-CPU 的工艺块进行回零，配置的界面和实轴类似，以下是具体配置参数的说明：

(1) Homing required 需要回零点：如果该设置为 YES，则轴必须在回零之后才能使用"绝对回零"指令；如果设置为 No，则轴可以在未回零时，允许使用绝对回零指令。

(2) Homing mode 回零模式：分为 4 种，No active homing，不激活回零功能；Homing Output Cam and encoder zero mark，使用回零传感器和编码器零脉冲(在得到回零传感器信号之后，找到第一个编码器零脉冲的位置就为默认的零点位)；Encoder zero mark only，只使用编码器零脉冲(激活回零指令后，第一个零脉冲的位置为默认的零点位)；External zero mark only，只使用外部零脉冲(激活回零指令后，零脉冲为外部给定脉冲，得到该脉冲的位置为默认的零点位)。

(3) Encoder Zero mark 编码器零脉冲：分为 2 种，In front of homing cam，在回零传感器信号之前；Behind homing output cam，在回零传感器之后。这个零脉冲是相对于传感器的位置来描述的，该设置是"回零模式"选择"回零传感器和编码器零脉冲"的子选项，即在得到传感器信号后，获得零脉冲的位置是在传感器之前还是之后。

(4) Homing cam input 回零传感器输入：该点为回零传感器对应的地址，与 Communication-Telegram Configuration 中的地址是相关联的。

(5) Homing procedure 回零过程：分为 4 种，Start in positive direction，顺时针方向开始；Start in negative direction，逆时针方向开始；Only positive direction，只顺时针方向；Only negative direction，只逆时针方向。其中前两种回零过程需要设置编码器零脉冲，而后两种则固定了零脉冲的位置。

(6) 回零起点与零点传感器间距离监测/零点传感器到编码器零脉冲的最大距离，激活则开始监测，如果距离大于监测距离，则在对应的工艺轴 DB 中报错 801D，参考点逼近过程取消。

(7) Approach velocity/ Entry velocity/ Reduced velocity 接近速度/进入速度/关闭速度：接近速度指的是从回零指令开始到找到回零传感器间轴运行的速度；进入速度指的是在回零结束后，如果设置回零点的偏移量，在完成偏移量移动时的速度；关闭速度指的是在到达回零传感器后寻找编码器零脉冲信号过程中的速度。

(8) Use neg, reversing cam/ Use pos, reversing cam 使用正向、反向反转凸轮：在直线轴回零过程中，会存在左右极限位置，在寻零过程中如果需要先找到左右极限位置再回零，即要激活这两个设置(类似对象四每个直线轴上的三个接近开关)。激活后，同样需要设置极限位置传感器的地址。

(9) Home position coordinate 零点位坐标：在轴完成回零指令后，设置该零点位对应的坐标，例如此处设为 1，那么这个点的绝对位置就为 1。

(10) Home position offset 回零点偏移量：在回零结束后，可以设置偏移量使轴移动到某个指定位置，移动速度即为 Entry velocity。

注意：这里设置的回零传感器(4)的地址，左右极限位置传感器⑧⑨地址范围为 64～65535，即 PI64.0～PI65535.7。

2. 运动控制工艺块介绍

几个常用的运动控制工艺块指令如图 5.156、图 5.157、图 5.158 所示。具体工艺块的说明可以单击工艺块库，找到要看的工艺块，按 F1 查看帮助文档。

FB401 MC_Power 轴使能指令，Enable 指令为 1 则激活，Axis 对应工艺数据模块的序号。

FB402 MC_Reset 轴复位指令(类似于 error 中的 acknowledge all)，Enable 指令为 1，则激活。

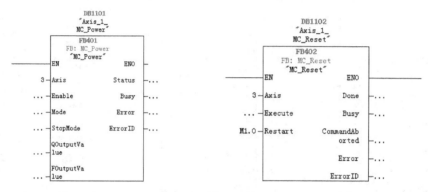

图 5.156 工艺块指令(1)

FFB403 MC_Home 回零指令 (主动回零通过激活该模块完成回零运动；被动回零只需要激活该指令，运动命令由另外的模块分配)上升沿有效。

FB404 MC_Stop/FB405 MC_Halt 轴停止指令，上升沿有效。

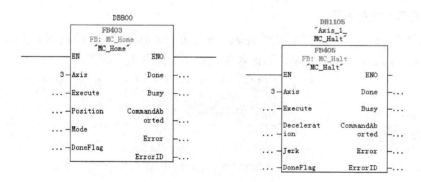

图 5.157 工艺块指令(2)

FB411 MC_MoveRelative 轴移动相对位移指令,也可以设置加减速和速度大小,上升沿有效。

FB410 MC_MoveAbsolute 轴移动绝对位移指令,也可以设置加减速和速度大小,0 点位是回零指令结束后设定的原点位,上升沿有效。

FB414 MC_MoveVelocity 轴移动速度指令,也可以设置加减速和速度大小、旋转的方向,上升沿有效。

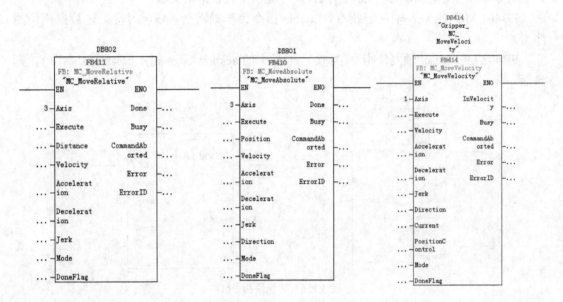

图 5.158　工艺块指令(3)

四、实训步骤

1. 配置 CU 报文通讯

(1) 如图 5.159 所示,从左侧找到 Telegram configuration,在右侧找到 CU 单击,单击"Interconnection/ diagnostics" 跳转到该对象在设备端配置报文的界面。

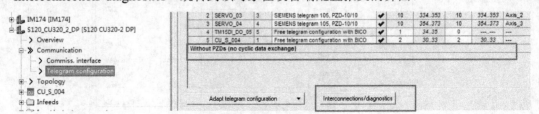

图 5.159　设备端配置报文

(2) 将 PZD1 连接到 r722。如果做对象 1 的主动回零，需要将连接到 CU 的 DI 的光电开关连接到报文，如图 5.160 所示。

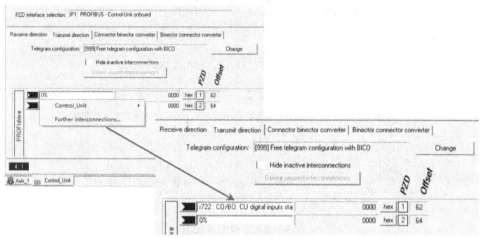

图 5.160 PZD1 连接到 r722

2. 配置虚拟轴回零

(1) 打开虚拟轴的 Homing，按回零的模式进行配置，如图 5.161 所示。回零和找零脉冲的速度要慢一些。

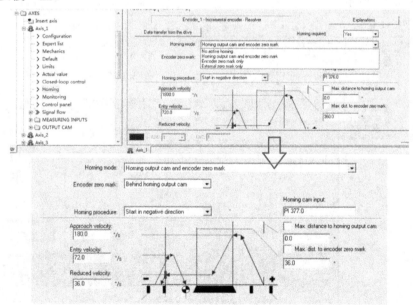

图 5.161 虚拟轴的 Homing

(2) 离线编译组态，如图 5.162 所示。

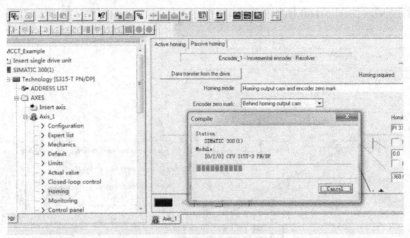

图 5.162　离线编译组态

(3) 进入 HW config，先下载硬件组态，再回到 Starter 将 S120 的配置下载。

3. 建立虚拟轴对应数据块

双击打开"Technological"，将下面没有创建到程序里的工艺 DB 块选中，单击"Create"创建，如图 5.163 所示。

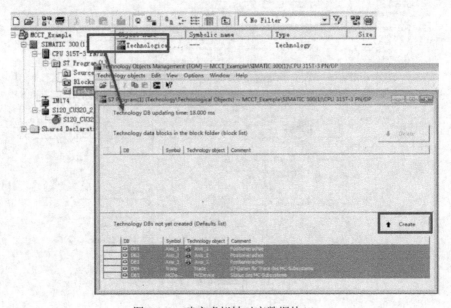

图 5.163　建立虚拟轴对应数据块(1)

创建过程如图 5.164 所示，创建好后关闭该窗口即可。

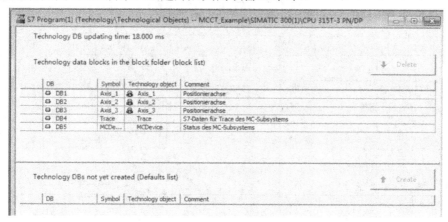

图 5.164　建立虚拟轴对应数据块(2)

4．调用工艺块

(1) 将 OB1 块打开，第一次打开时属性编辑语言类型选择 LAD，从侧面找到工艺功能块的库，并从中将本次实训用到的功能块拖曳出来。如图 5.165 所示。

图 5.165　选择功能块

(2) 以轴 1 为例，从左侧添加 MC_Power，MC_Stop，MC_Home， MC_Halt，MC_MoveAbsolute，MC_MoveRelative，如图 5.166 所示。

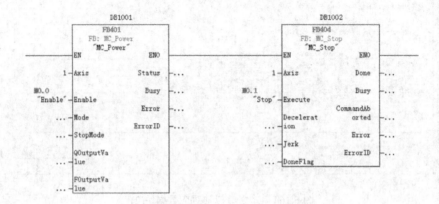

⊟ **Network 2** : Title:

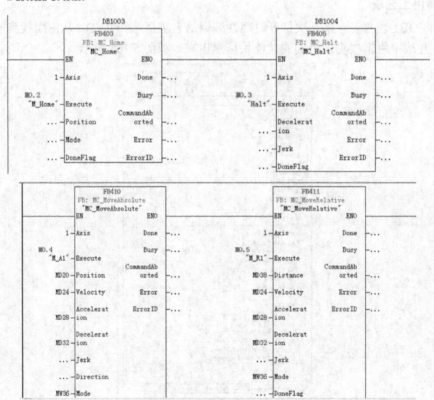

图 5.166　编辑 OB1 程序中的功能块

（3）在变量上单击右键，选择"Edit Symbols..."，在"Symbol"列下填入名称，如图 5.167 所示。

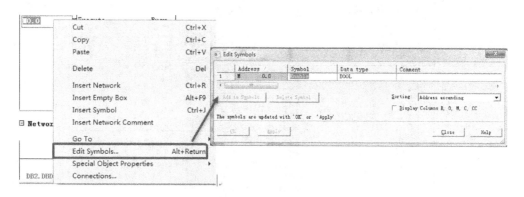

图 5.167　编辑符号

（4）在拖出的 FB 块上部的问号处填上 DB 名称，单击回车键会提示是否创建，单击"Yes"按钮确认，如图 5.168 所示。

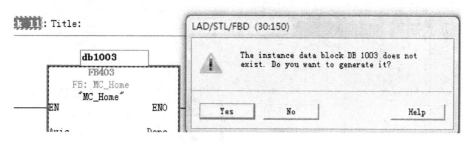

图 5.168　输入 DB 名称

创建一个新的变量监控表，按照图 5.169 所示的内容建立表格并设定值：

Enable：轴上电使能；

Stop：停止后任何情况轴都无法再启动直到不使能 stop；

M_Home：回零开始；

Hlat：停止后在减速的过程中再次给轴速度轴还能启动；

M_A1：走一段绝对位移；

M_R1：走一段相对位移；

MD：寄存器对应的各个加速度减速度位置等。

（5）单击 300 CPU 的位置，将整个项目下载一遍。如果提示是否覆盖，单击 All，将所有修改过得功能块都下载，如图 5.170 所示。

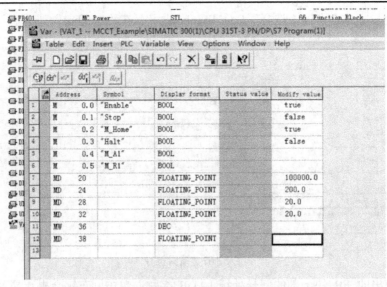

图 5.169　变量监控表

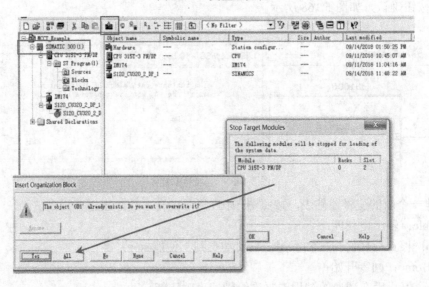

图 5.170　下载到 CPU

(6) 监控 DB1 可以看到轴 1 的轴状态。M0.0 置 1，轴使能；M0.2 置 1，轴开始回零；回零结束后 M0.4 置 1，走 40000°，如图 5.171 所示。

(7) M0.5 置 1，电机开始走相对位移 10000°（TargetPosition 也由 40000 变成 50000），在电机运行过程中 M0.3 置 1，电机停止运行，如图 5.172 所示。

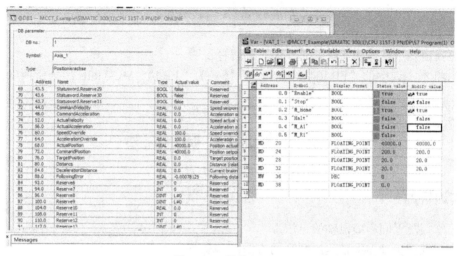

图 5.171　监控 DB1(1)

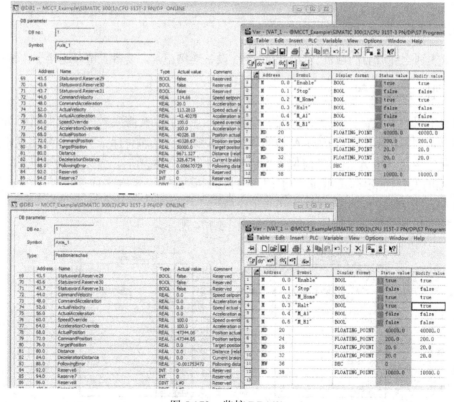

图 5.172　监控 DB1(2)

五、思考

(1) 找出几个常用功能块的时序图，并解释说明。

(2) 将本实训中的"FB404 MC-Stop"替换为"FB405 MC-Halt"，分析两者之间的区别。

5.10　实训十　圆盘同步

一、实训目的

(1) 掌握配置同步虚拟轴的方法；

(2) 掌握同步轴与主轴建立联系的方法；

(3) 掌握同步工艺块以及同步功能的使用。

二、实训准备

本章实训七完成后的项目文件，保证硬件设备连接正常，设备上电，连接上调试计算机。

三、实训内容及原理

伺服电机具有电流、速度、位置三个控制环，两个电机需要做同步控制时可分为速度同步和位置同步。速度同步指将 A 轴的速度实时报告给 B 轴，保证所有时刻速度都是相同的。位置同步就是将 A 轴的当前位置实时报告给 B 轴，A 轴的位置是实时变化的，B 轴要随着 A 轴的变化而变化，这也体现了伺服电机的高动态性。本次实训使用了 T-CPU 的 Gear in Gear out 的齿轮同步功能。

齿轮同步功能块及其时序如图 5.173、图 5.174 所示。

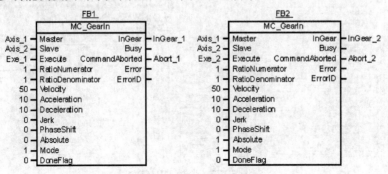

图 5.173　齿轮同步功能块

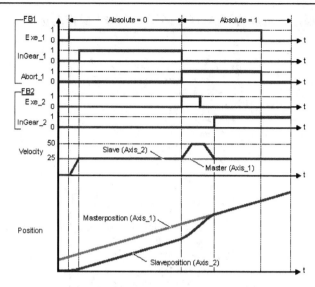

图 5.174　齿轮同步功能块的时序图

四、实训步骤

1. 建立同步轴

打开 starter 界面插入 Axis_1，然后再插入 Axis_2 时将同步操作勾选上，其余和建立普通的速度轴是一样的。

2. 关联主轴并配置同步轴

(1) 单击建好后的 Axis_2，将轴 2 与轴 1 关联的对钩选上，如图 5.175 所示。

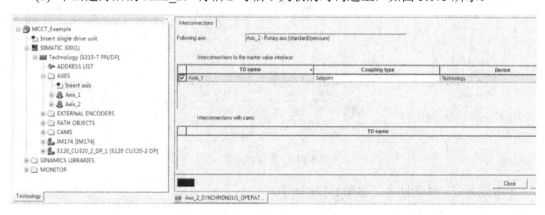

图 5.175　将轴 2 与轴 1 关联

(2) 如图 5.176 所示，可以看到 Axis_2 多了一个同步操作的选项。

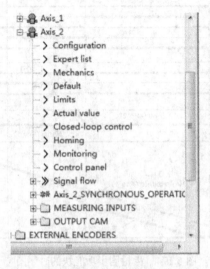

图 5.176　同步操作选项

(3) 打开 Mechanics 对话框设置减速比，如图 5.177 所示。

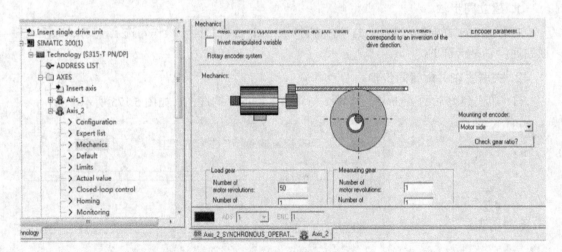

图 5.177　设置减速比

(4) 配置好轴 2 的回零，如图 5.178 所示。

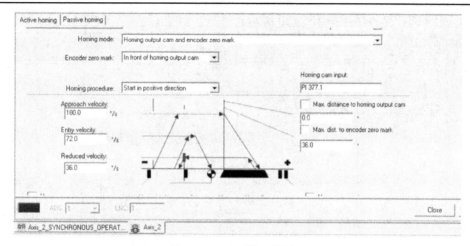

图 5.178　配置轴 2 的回零

(5) 如图 5.179 所示，从左侧找到 Axis_2 的同步操作，单击 "Default"，在右侧找到 Dynamic Response，将 Sync.length、Desync.length、Velocity 分别修改好。修改好之后保存编译。

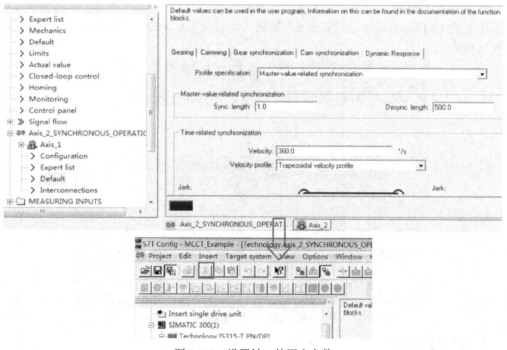

图 5.179　设置轴 2 的同步参数

(6) 回到 STEP7 界面，如图 5.180 所示。

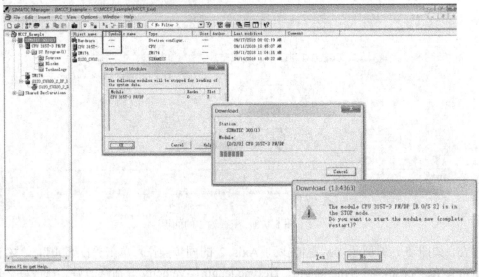

图 5.180　编译下载

3. 建立数据块

进入到 Technology，单击"Create"按钮，为 Axis_1、Axis_2 创建相应的工艺 DB，如图 5.181 所示。

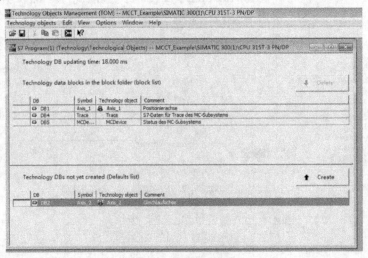

图 5.181　建立数据块

4. 编写同步程序

(1) 在 OB1 中添加轴 2 的使能、回零、停止功能块。前一实训已经写了轴 1 的使能、回零、停止、速度控制等功能块，这里就不再重复。轴 1 作为控制的主轴，改变轴 1 的速度或者位置，轴 2 随着轴 1 的改变快速地变化，如图 5.182 所示。

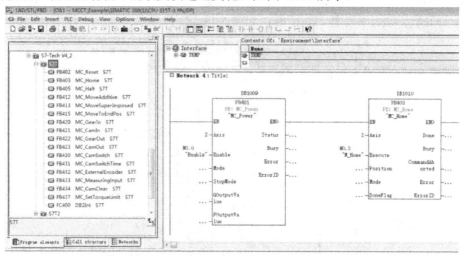

图 5.182　在 OB1 中添加轴 2 的使能程序

(2) 添加齿轮同步功能的功能块，主轴是 1，从轴是 2，如图 5.183 所示。

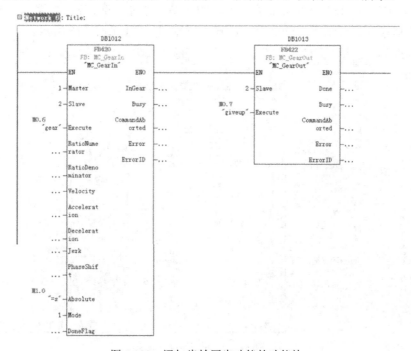

图 5.183　添加齿轮同步功能的功能块

(3) 写完程序后保存编译下载整个程序。

5. 测试同步

(1) 打开状态表，先使能，再回零，如图 5.184 所示。

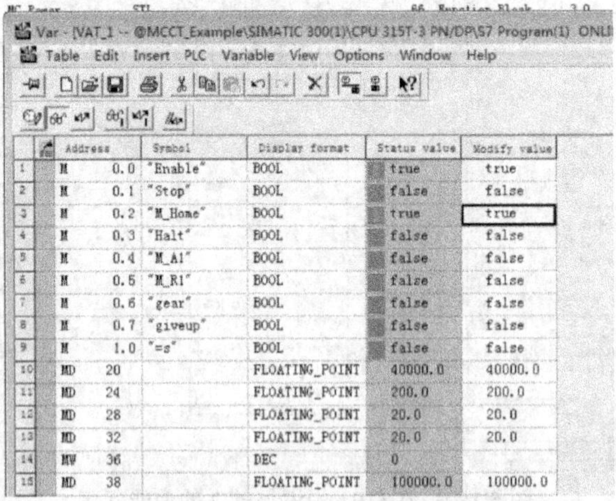

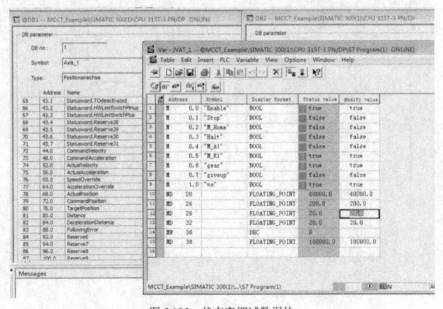

图 5.184　状态表使能并回零

(2) 打开 DB1 和 DB2，可以看到当前轴的状态。先选择模式 M1.0 置 1，M0.5 置 1，轴 1 开始位移移动相对距离，M0.6 置 1，开始齿轮同步，如图 5.185 所示。

图 5.185　状态表调试数据块

(3) 图 5.186 所示是从回零后的静止状态先让轴 1 运转起来的轴状态监视。

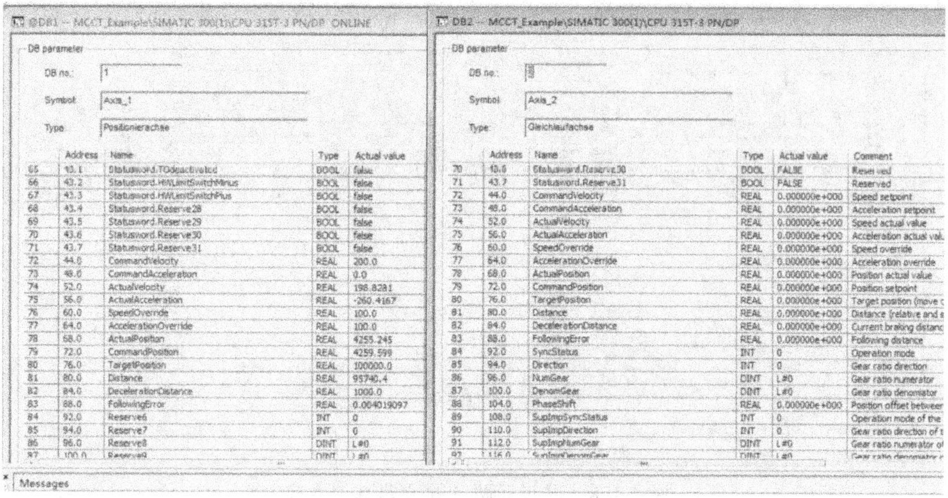

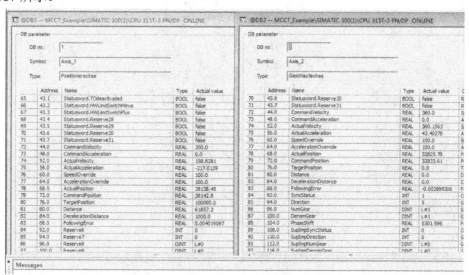

图 5.186 数据块轴状态监视

(4) 开始齿轮同步后，轴 2 的位置接近轴 1 的位置，轴 2 的速度大于轴 1 的速度，如图 5.187 所示。

图 5.187 轴 2 的速度大于轴 1 的速度

(5) 同步后两轴的位置基本一样，如图 5.188 所示。

(6) M0.7 置 1，停止同步，轴 2 停止运动，轴 1 继续运转。轴 1 直到到达指定位置后才停止，轴 2 的运动状态对轴 1 没有任何影响，如图 5.189 所示。

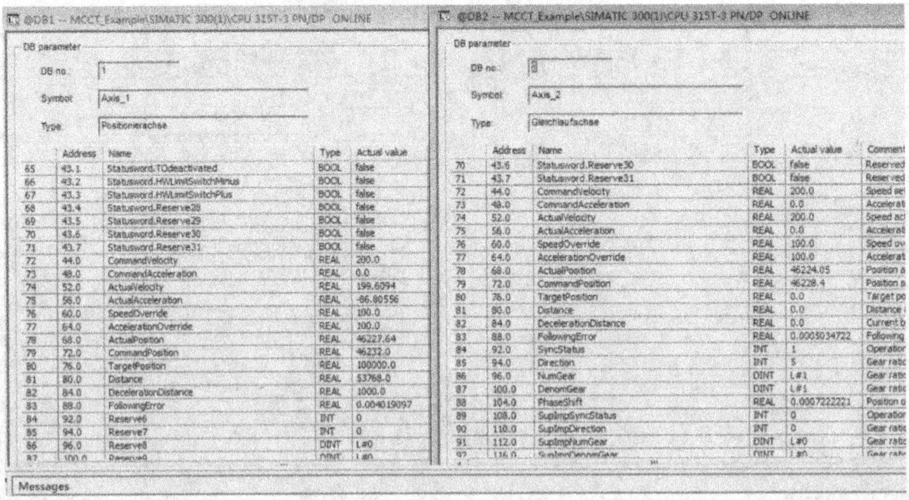

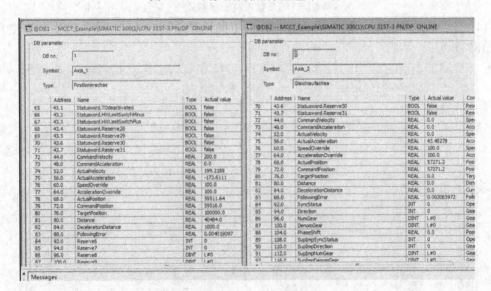

图 5.188　同步后两轴的位置基本一样

图 5.189　停止同步的操作

五、思考

(1) Gear IN 的模式选用其他模式的效果是什么样的?

(2) 两个轴可以互相做同步功能吗?

5.11　实训十一　对象二直线同步

一、实训目的

(1) 了解直线同步工艺及其应用；

(2) 掌握本系统内直线同步对象的控制方法；

(3) 掌握 FC 功能的编辑及其调用；

(4) 掌握 300T PLC 简单的逻辑编程。

二、实训准备

本章实训九完成后的项目文件，保证硬件设备连接正常，设备上电，连接上调试计算机。

三、实训内容及原理

该实训利用了位置同步和相对位置的综合控制，利用 STEP7 进行逻辑控制。由对象一圆盘同步扩展到对象二直线同步，在大小两个环线圆弧位置时做齿轮同步，保证旋转的位置是相同的，在外圈经过一段单独的直线段后内圈与外圈同时继续前行，以此类推完成一圈的同步定位。对象二的示意图如图 5.190 所示。

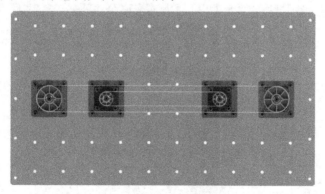

图 5.190　对象二的示意图

大小两轴的轴距为 220 mm，两个小轴的轴距为 440 mm。小轴的周长为 70 mm，大轴的周长为 152 mm。

四、实训步骤

(1) 在离线状态，将虚拟轴 2 的电机回零方向设为与虚拟轴 1 一致，并将外圈对应的

轴回零后起始位置设为 90°；将同步轴(此处为虚拟轴 2)里的 Default→Dynamic...→
Master...→Sync.length、Desync.length 设为 1(启动同步、取消同步的响应长度)；完成设置
后，按照编译、在线、下载的次序进行操作，如图 5.191 所示；下载完成后设置为在线视
图，如图 5.192 所示。

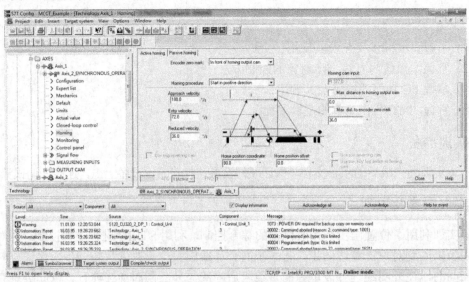

图 5.191　完成设置并下载

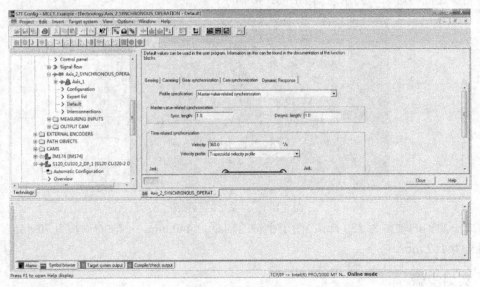

图 5.192　在线视图

(2) 打开 STEP7 组件视图的 Blocks 菜单，在右侧程序块区空白处单击右键，新建 FC 功能，选择 LAD 编程语言(也可以选择其他编程语言)，在属性窗口中编辑 FC 的名称说明，如图 5.193 所示。

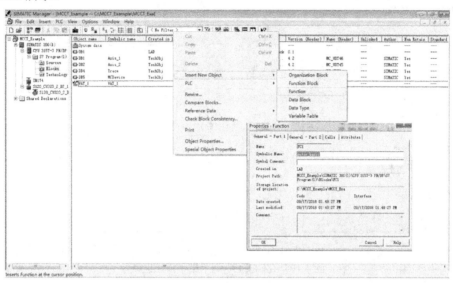

图 5.193　新建 FC 功能

(3) 新建完 FC 功能后组件视图如图 5.194 所示。

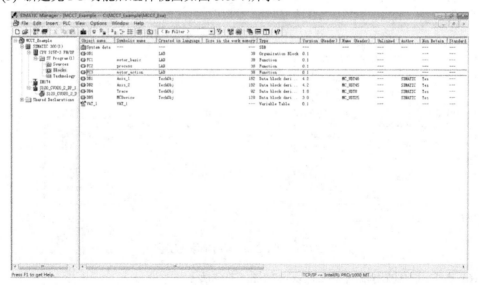

图 5.194　新建完 FC 功能后组件视图

(4) 在 FC1 中调用轴使能工艺块(调用工艺块对轴做操作时，使用的是轴对应的 STEP7 中数据块的编号，下同)，如图 5.195 所示。

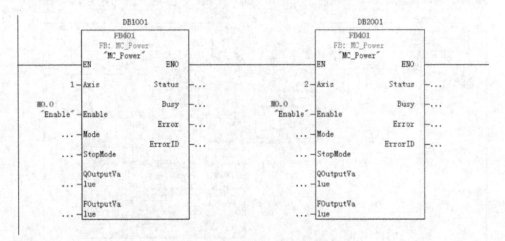

图 5.195　在 FC1 中调用轴使能工艺块

(5) 在 FC1 中调用轴停止工艺块，如图 5.196 所示。

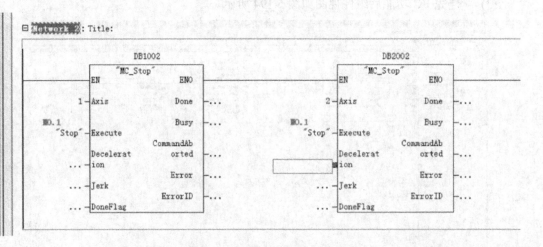

图 5.196　在 FC1 中调用轴停止工艺块

(6) 在 FC1 中调用轴回零工艺块，如图 5.197 所示。

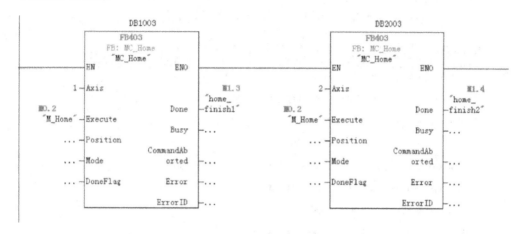

图 5.197　在 FC1 中调用轴回零工艺块

(7) 在 FC1 中调用轴停止工艺块(此处的 MC_Halt 工艺块也拥有停止轴的功能)，如图 5.198 所示。

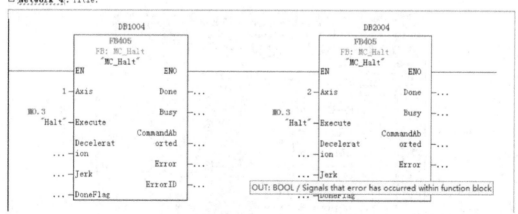

图 5.198　在 FC1 中调用轴停止工艺块

(8) 在 FC2 中编辑控制过程程序，如图 5.199 所示。

(9) 在轴 1、轴 2 回零完成并对控制过程功能使用的一些变量赋初值后，在监控表中添加相应变量；重新编译下载 PLC 程序，下载完成后，使设备在线(S7 technology 中)，如图 5.200 所示。

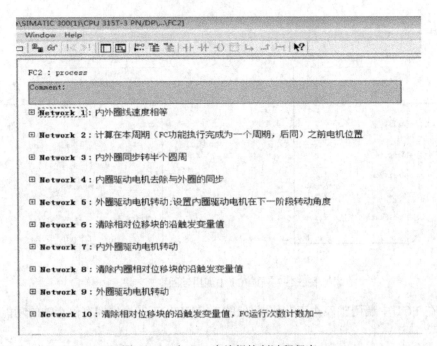

图 5.199　在 FC2 中编辑控制过程程序

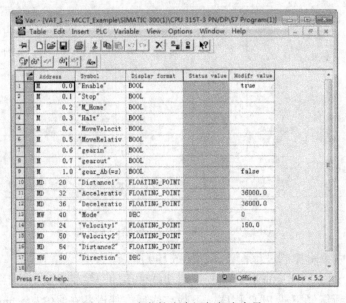

图 5.200　在监控表中添加相应变量

(10) 使能轴，并将设置的相应参数传输到对应变量中，如图 5.201 所示。

		Address	Symbol	Display format	Status value	Modify value
1	M	0.0	"Enable"	BOOL	true	true
2	M	0.1	"Stop"	BOOL	false	
3	M	0.2	"M_Home"	BOOL	false	
4	M	0.3	"Halt"	BOOL	false	
5	M	0.4	"MoveVelocit"	BOOL	false	
6	M	0.5	"MoveRelativ"	BOOL	false	
7	M	0.6	"gearin"	BOOL	false	
8	M	0.7	"gearout"	BOOL	false	
9	M	1.0	"gear_Ab(=s)"	BOOL	false	false
10	MD	32	"Acceleratio"	FLOATING_POINT	36000.0	36000.0
11	MD	36	"Deceleratio"	FLOATING_POINT	36000.0	36000.0
12	MW	40	"Mode"	DEC	0	0
13	MD	24	"Velocity1"	FLOATING_POINT	150.0	150.0
14	MD	50	"Velocity2"	FLOATING_POINT	325.7143	
15	MD	54	"Distance2"	FLOATING_POINT	2261.0	
16	MW	90	"Direction"	DEC	0	
17						

图 5.201 使能轴

(11) 打开轴对应的数据块，观察并记录位置变化，如图 5.202 所示。

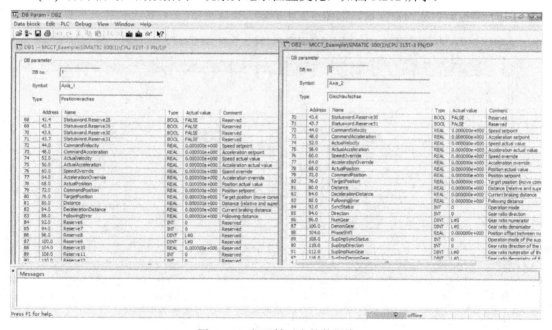

图 5.202 打开轴对应的数据块

(12) 启动回零，如图 5.203 所示。

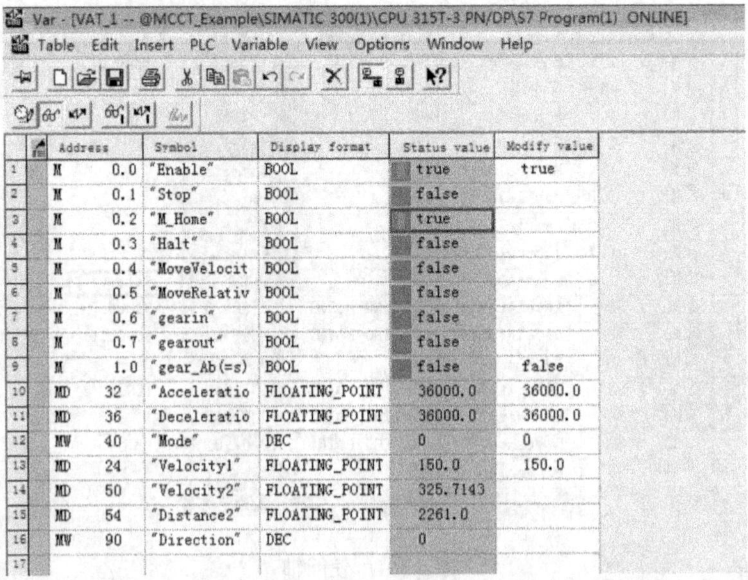

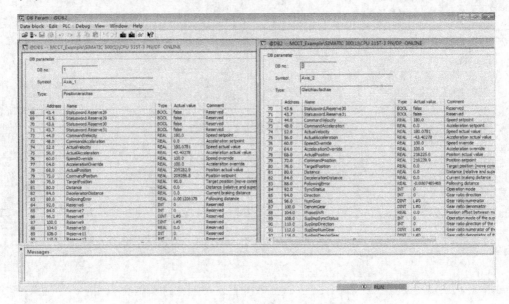

图 5.203　回零

(13) 监控轴对应的数据块，如图 5.204 所示。

图 5.204　监控轴对应的数据块

(14) 回零完成后的数据块状态如图 5.205 所示。

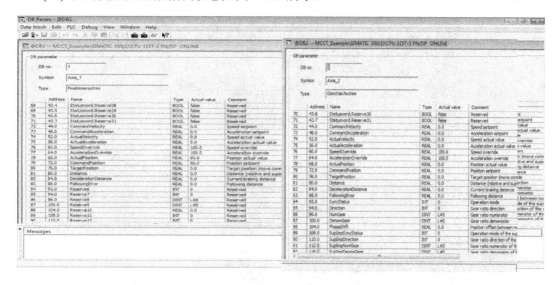

图 5.205　回零完成后数据块状态

(15) 内外圈同步转到外圈 180°，如图 5.206 所示。

		Address		Symbol	Display format	Status value	Modify value
1	M	0.0		"Enable"	BOOL	true	true
2	M	0.1		"Stop"	BOOL	false	
3	M	0.2		"M_Home"	BOOL	true	
4	M	0.3		"Halt"	BOOL	false	
5	M	0.4		"MoveVelocit	BOOL	true	
6	M	0.5		"MoveRelativ	BOOL	false	
7	M	0.6		"gearin"	BOOL	true	
8	M	0.7		"gearout"	BOOL	false	
9	M	1.0		"gear_Ab(=s)	BOOL	false	false
10	MD	32		"Acceleratio	FLOATING_POINT	36000.0	36000.0
11	MD	36		"Deceleratio	FLOATING_POINT	36000.0	36000.0
12	MW	40		"Mode"	DEC	0	0
13	MD	24		"Velocity1"	FLOATING_POINT	150.0	150.0
14	MD	50		"Velocity2"	FLOATING_POINT	325.7143	
15	MD	54		"Distance2"	FLOATING_POINT	2261.0	
16	MW	90		"Direction"	DEC	0	
17							

图 5.206　内外圈同步转到外圈 180°

(16) 外圈转到外圈 701°，如图 5.207 所示。

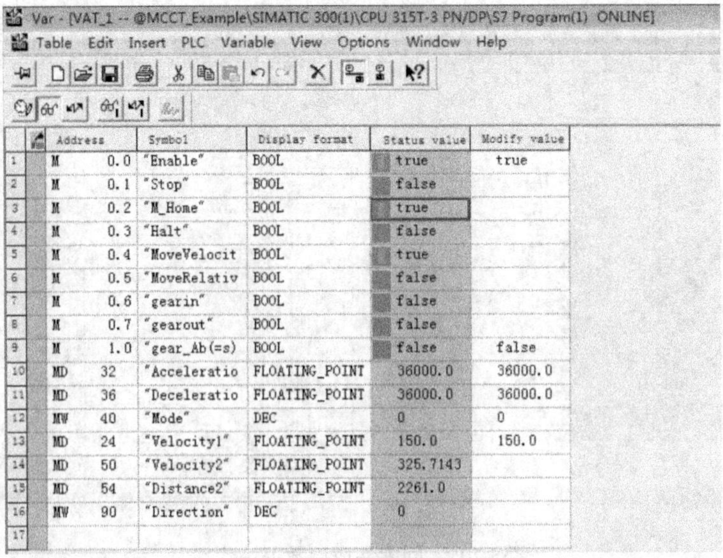

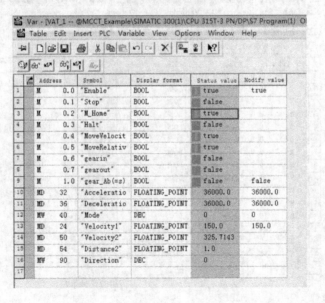

图 5.207　外圈转到外圈 701°

(17) 内外圈同步转到外圈 1743°，如图 5.208 所示。

图 5.208　内外圈同步转到外圈 1743°

(18) 外圈转到外圈 2264°，如图 5.209 所示。

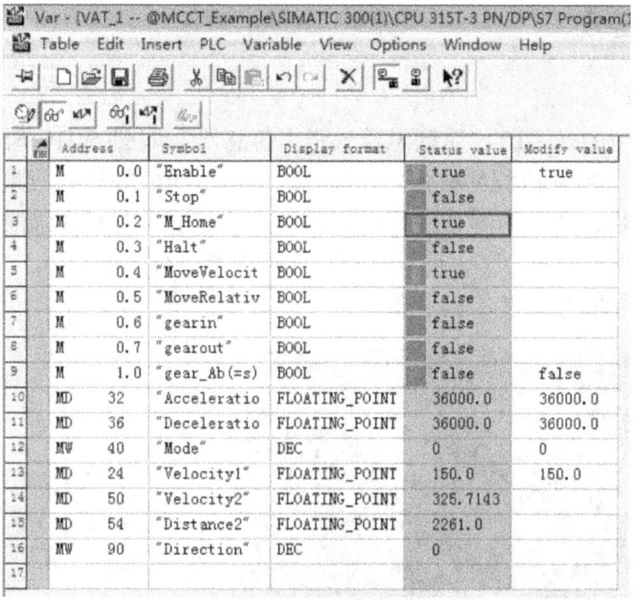

图 5.209　外圈转到外圈 2264°

5.12　实训十二　张力放大器的使用

一、实训目的

(1) 了解张力放大器的工作原理；

(2) 了解模拟量的使用；

(3) 了解 300PLC 标度原理；

(4) 掌握 300 系列 PLC 模拟量模块的使用；

(5) 掌握模拟量转化为浮点数的方法；

(6) 掌握模拟量的量程转换方法；

(7) 掌握 PLC 硬件诊断。

二、实训准备

本章实训七完成后的项目文件，保证硬件设备连接正常，设备上电，连接上调试计算机。

三、实训内容及原理

1. 张力传感器

本试训设备使用的是 CLTL 系列悬臂式张力传感器，如图 5.210 所示。采用悬臂梁结合箔式/半导体应变片原理检测卷材张力，具有输出信号线性好和响应频率快的特点，可精确检测纸、塑料薄膜、金属箔等各种卷材的张力值。CLTL 系列张力传感器坚固耐用、防腐防尘、稳定性高，在低张力下，仍具有较高的灵敏度，被广泛应用于印刷、复合、模切、电线电缆及胶片等卷取控制设备和生产上。

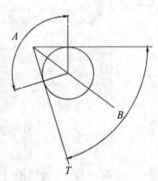

图 5.210　CLTL 系列张力传感器及其额定载荷计算

(1) 传感器的技术规格如下：

额定载荷：53，111，222，445N(12，25，50，100Lbs)；

辊面宽度：152，178，203，254，305，406，457，508 mm(6，7，8，10，12，14，18，20inch)；

工作电源：DC 5～15 V；

张力信号输出：0～20 mV/0～250 mV；

工作温度：−38℃～+75℃；

工作湿度：<90%R.H.；

传感器形式：电阻应变式；

线性误差：<±0.1%；

重复性误差：<±0.1%；

综合误差：<±0.2%；

温度漂移：<±0.02%/℃；

接头规格：航空 WS-12；

辊筒材料：6061 铝；

轴芯及底座材料：合金钢。

(2) 额定载荷的计算与选择：

$$MWF = T \times K \times \sin\left(\frac{A}{2}\right) \times \sin B$$

式中：MWF 为最大工作压力(N)；A 为包角(度)；B 为卷入卷出轴之间夹角(度)；K 为安全系数(1.4～2.0)；T 为最大总张力(N)。

MWF 的计算结果是单个传感器所承受的最大工作压力。

(3) 基本工作原理如图 5.211 所示。

每个传感器的应变片以惠斯通全桥原理组桥，并针对零点、温飘、灵敏度等性能参数进行六点补偿，确保产品高精稳定工作。

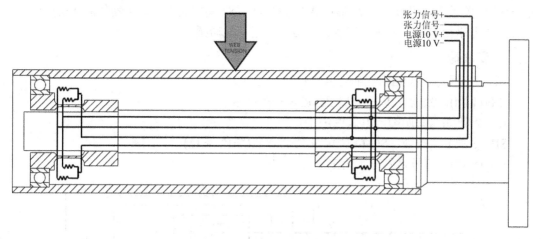

图 5.211　基本工作原理示意图

2. 惠斯通电桥

惠斯通电桥是由四个电阻组成的电桥电路，这四个电阻叫做电桥的桥臂。惠斯通电桥利用电阻的变化来测量物理量的变化，单片机采集可变电阻两端的电压然后处理，就可以计算出相应的物理量的变化，是一种精度很高的测量方式。

如图 5.212 所示，通用的惠斯通电桥电阻 R_1、R_2、R_3、R_4 叫做电桥的四个臂，G 为检流计，用以检查它所在的支路有无电流。当 G 无电流通过时，称电桥达到平衡。平衡时，四个臂的阻值满足一个简单的关系，利用这一关系就可测量电阻。

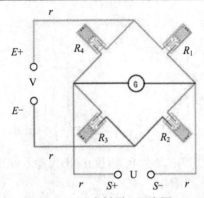

图 5.212　电桥原理示意图

非平衡电桥一般用于测量电阻值的微小变化,例如将电阻应变片(将电阻丝做成栅状粘贴在两层薄纸或塑料薄膜之间构成)粘固在物件上,当物件发生形变时,应变片也随之发生形变,应变片的电阻由电桥平衡时的 R_x 变为 $R_x + \Delta R$,这时检流计通过的电流 I_g 也将变化,再根据 I_g 与 ΔR 的关系就可测出 ΔR,然后由 ΔR 与固体形变之间的关系计算出物体的形变量。

使用非平衡电桥法可测量应变、拉力、扭矩、振动频率等。

3. 变送器

图 5.213 所示为变送器引脚,其中:

EX+(1 脚):激励电压正 (红色/棕色);

EX-(2 脚):激励电压负(黑色);

SHD(3 脚): 屏蔽;SG-(4 脚):信号输入负(绿色/蓝色);

SG+(5 脚):信号输入正(白色)。

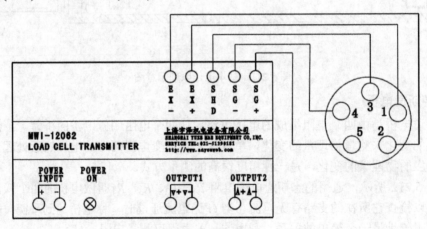

图 5.213　变送器引脚

四、实训步骤

(1) 进入硬件组态，查看模拟量输入/输出模块的偏移地址区间(此处为 AI 为 272～279，AO 为 272～275)，张力传感器接入了模块的第一路模拟输入，表示张力的地址为 PIW272，如图 5.214 所示。

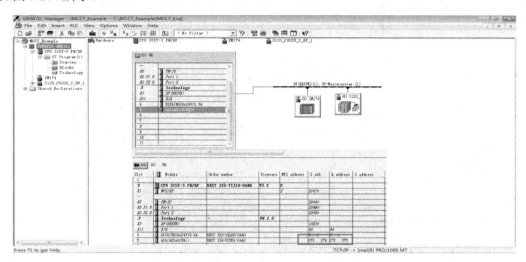

图 5.214　模拟量硬件组态

(2) 打开 Blocks 菜单，在空白处单击右键新建功能，如图 5.215 所示。

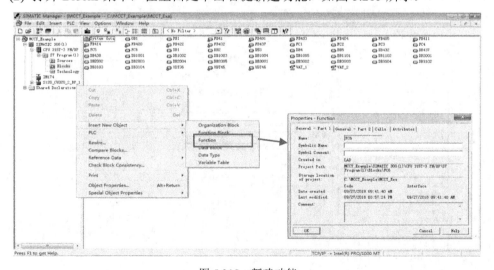

图 5.215　新建功能

(3) 打开新建的功能编辑块，在程序段中添加如图 5.216 所示的程序：上方框内程序为将 PIW272 转化为 REAL 形式的值；下方框内程序为将 REAL 值通过量程转换为实际张力值。

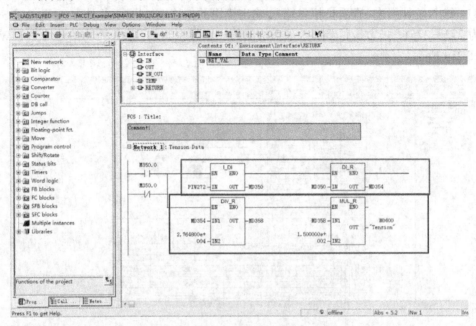

图 5.216　添加转换程序

(4) 在 OB1 中调用张力值的转换功能，如图 5.217 所示。

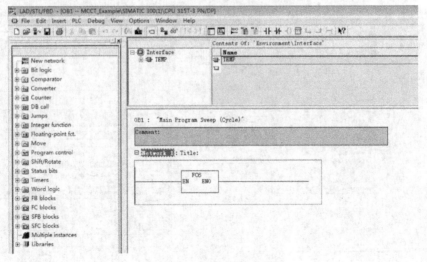

图 5.217　OB1 中调用功能

(5) 重新下载 PLC 程序，如图 5.218 所示。

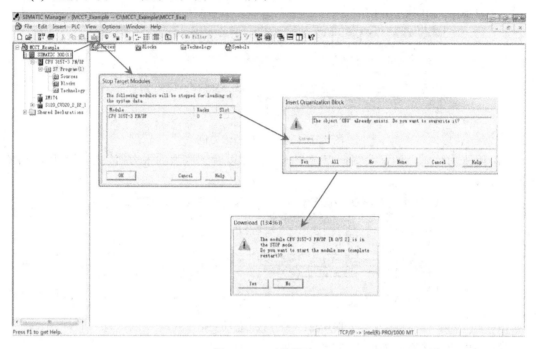

图 5.218 下载到 PLC

(6) 在 Blocks 菜单下添加监控表，如图 5.219 所示(框选部分)。

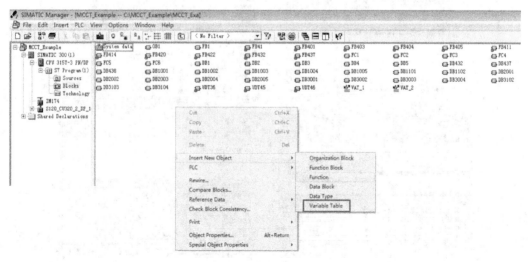

图 5.219 添加监控表

(7) 打开监控表，在表中添加储存实际张力值的变量并进行监控；在张力传感器不受力时，张力的值如图 5.220 所示。

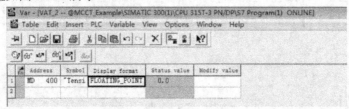

图 5.220　监控表监控张力值

(8) 给张力传感器的箭头指向点一个压力，可以看到监测的张力值发生了变化，如图 5.221 所示。

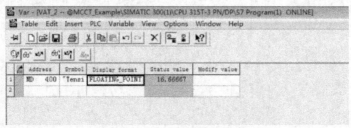

图 5.221　监控张力值的变化

(9) 硬件错误诊断，如图 5.222 所示。

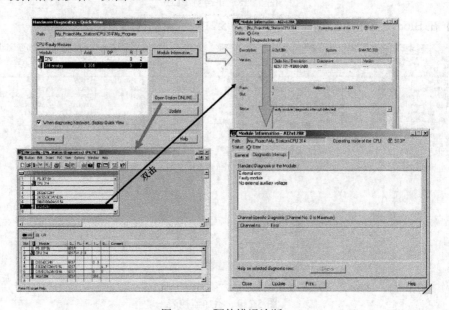

图 5.222　硬件错误诊断

五、思考

(1) 根据张力的计算公式由压力算出胶带的张力。

(2) PIW272 采集过来的数值为什么要除以 27648？

5.13　实训十三　编码器的使用

一、实训目的

(1) 了解编码器的原理；

(2) 掌握 IM174 外接编码器的组态；

(3) 掌握在 STARTER 软件中组态编码器；

(4) 掌握编码器对应数据块的使用；

(5) 掌握编码器工艺块的使用。

二、实训准备

实训八完成后的项目文件，保证硬件设备连接正常，设备上电，连接上调试计算机。

三、实训内容及原理

1. 编码器

按码盘的刻孔方式不同可将编码器分为以下两种：

(1) 增量型：每转过单位的角度就发出一个脉冲信号(也有发正余弦信号，然后对其进行细分，斩波出频率更高的脉冲)，通常为 A 相、B 相、Z 相输出，A 相、B 相为相互延迟 1/4 周期的脉冲输出，根据延迟关系可以区别正反转，而且通过取 A 相、B 相的上升和下降沿可以进行 2 倍或 4 倍频；Z 相为单圈脉冲，即每圈发出一个脉冲。

(2) 绝对值型：对应一圈，每个基准的角度发出一个唯一与该角度对应的二进制数值，通过外部记圈器件可以进行多个位置的记录和测量编码器 M。

2. TTL 编码器

TTL 为长线差分驱动(对称 A,A-;B,B-;Z,Z-)，HTL 为推拉式信号输出，也称推拉式、推挽式输出；

输出形式：TTL 信号(T)；

输出信号：A、B 两路脉冲，相位差 90°，VOH≥2.4 V、V0L≤0.4 V；

电源电压：5V±5% 100 mA；

输出形式：HTL 信号(H)；

输出信号：A、B 两路脉冲，相位差 90°，VOH≥10.4 V、V0L≤0.4 V；

电源电压：12 V±5% 150 mA(15 V、24 V)。

对于 TTL 的带有对称负信号输出的编码器，信号传输距离可达 150 m。对于 HTL 的带有对称负信号输出的编码器，信号传输距离可达 300 m。

TTL 电平信号被利用得最多是因为其数据表示通常采用二进制，+5 V 等价于逻辑"1"，0 V 等价于逻辑"0"，这被称作 TTL(晶体管-晶体管逻辑电平)信号系统，是计算机处理器控制的设备内部各部分之间通信的标准技术。TTL 电平信号对于计算机处理器控制的设备内部的数据传输是很理想的，首先计算机处理器控制的设备内部的数据传输对于电源的要求不高以及热损耗也较低，另外 TTL 电平信号直接与集成电路连接而不需要价格昂贵的线路驱动器以及接收器电路；再者，计算机处理器控制的设备内部的数据传输是在高速下进行的，而 TTL 接口的操作恰能满足这个要求。TTL 型通信大多数情况下是采用并行数据传输方式，而并行数据传输对于超过 3 m 的距离就不适合了，这是由于可靠性和成本两方面的原因。因为在并行接口中存在着偏相和不对称的问题，这些问题对可靠性均有影响；另外对于并行数据传输，电缆以及连接器的费用比起串行通信方式来也要高一些。

3. IM174 的应用范围

在 SIMATIC 或者 SIMOTION 的运动控制系统中，为了连接模拟量接口或者步进电机接口的驱动设备，要用到 IM174 接口模块。

4. IM174 的工作机制

IM174 接口模块作为 DP 的从站，最多可以连接四个轴。IM174 通过 PROFIDrive 协议(标准报文 3)与运动控制器通信。控制器计算出速度设定值传送到 IM174，IM174 根据设置将设定值转换为模拟量或者步进电机的给定信号，同时把实际值传送给控制器。每个轴可以连接一个 TTL 编码器或者 SSI 编码器作为位置反馈信号，也可以不带编码器。

四、实训步骤

1. IM174 的硬件组态

(1) 在硬件列表如图 5.223 所示位置找到"IM174"模块将其拖拽至"DP(DRIVE)(1)"总线处。

(2) 在弹出窗口中，如图 5.224 所示，使用下拉列表将"Address"设置为"3"。一般出厂默认设置为 3，需要与实际硬件调的地址对应。

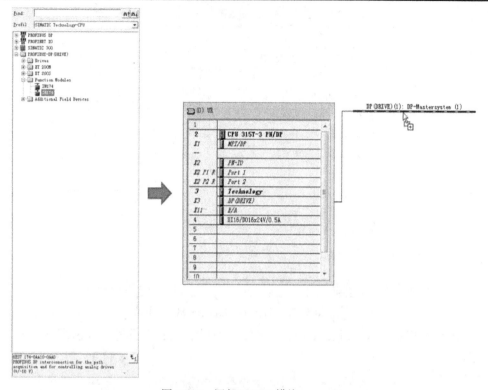

图 5.223　添加 IM174 模块

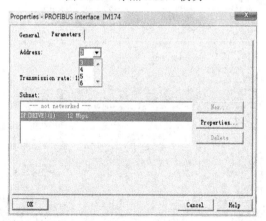

图 5.224　设置地址

(3) 在弹出窗口中，如图 5.225 所示，切换标签页至"Isochronous　Mode"→将如图所示框选位置中的数值修改为"5"。

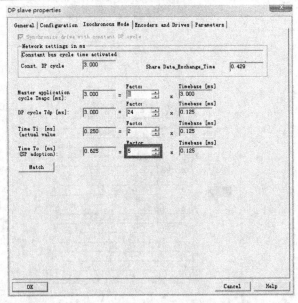

图 5.225 　设置 Isochronous Mode 参数

(4) 切换标签页至 "Encoders and Drives"，如图 5.226 所示进行相应配置，单击 "OK" 按钮。

图 5.226 　设置 Encoders and Drives 参数

注意：本平台使用的编码器类型为 TTL，如果使用其他类型的编码器，此处应选择实际使用的编码器类型。

2. 编码器进行参数配置

(1) 在 SIMATIC Manager 软件主界面中如图 5.227 所示位置找到"Technological Objects"，右击"Technological Objects"，单击"Configure the technology"。

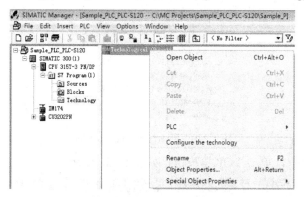

图 5.227 打开 Configure the technology

(2) 单击"Configure the technology"后，软件界面如图 5.228 所示。

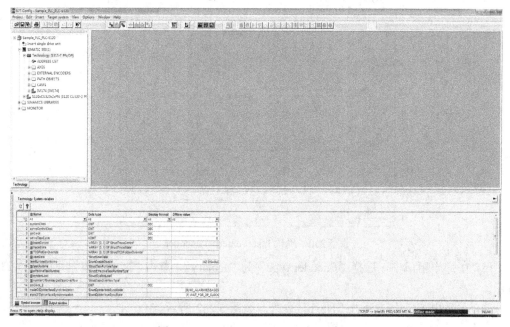

图 5.228 Configure the technology 窗口

(3) 在导航栏中如图 5.229 所示位置找到 "Insert external encoder"，双击 "Insert external encoder"。

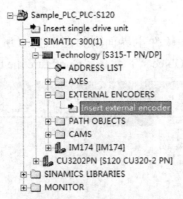

图 5.229　Insert external encoder

(4) 在弹出窗口中，单击 "OK" 按钮，如图 5.230 所示。

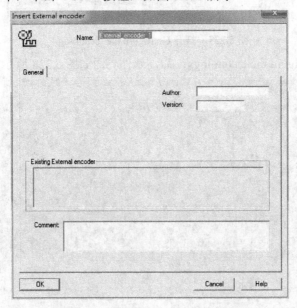

图 5.230　确认 Insert external encoder

(5) 在弹出窗口中，选择 "Encoder type" 为 "Rotary"，单击 "Next" 按钮，如图 5.231 所示。

(6) 在弹出窗口中，单击 "Next" 按钮，如图 5.232 所示。

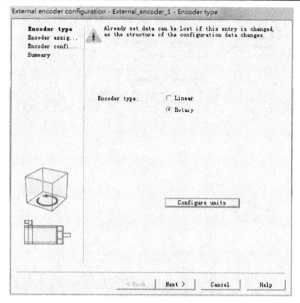

图 5.231　选择编码器类型

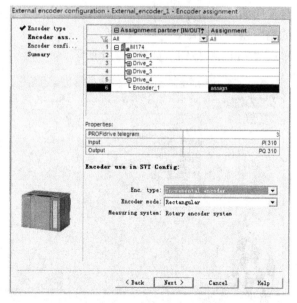

图 5.232　设置编码器类型

(7) 在弹出窗口中，将"Encoder pulses per rev."设置为"1024"，单击"Next"按钮，如图 5.233 所示。

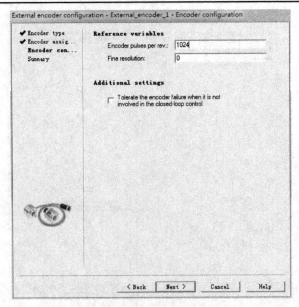

图 5.233　设置编码器分辨率

注意：本实验平台使用的编码器分辨率为 1024PPR。如果使用其他分辨率的编码器，此处应输入实际使用的编码器的分辨率。

在弹出窗口中，单击"Finish"按钮，如图 5.234 所示。

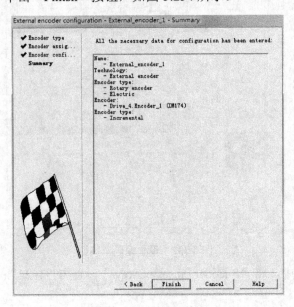

图 5.234　设置完成

（8）在导航栏中如图 5.235 所示位置找到"Mechanics"，双击"Mechanics"，导航栏右侧界面将切换至"Mechanics"界面。

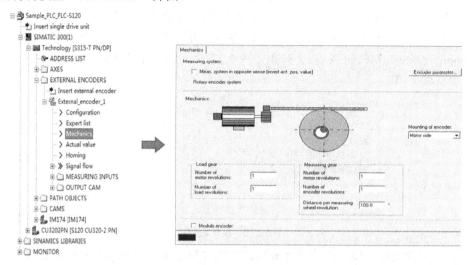

图 5.235　Mechanics 界面

（9）在 Mechanics 界面中，使用下拉列表将"Mounting of encoder:"设置为"External"。将"Distance per measuring wheel revolution:"设置为"0.157"。配置完成后保存编译，如图 5.236 所示。

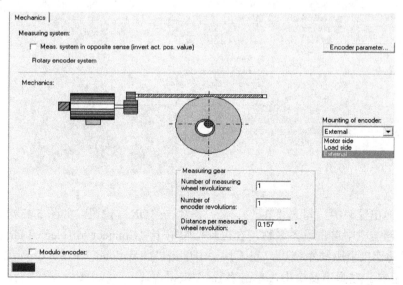

图 5.236　设置 Mechanics 参数

说明：此处将"Distance per measuring wheel revolution"的值设置为 0.157，表示测量轮每旋转一周，被测对象所发生的距离变化为 0.157 m。在本平台中，测量轮即为旋转编码器辊，旋转编码器辊直径为 50 mm，通过计算得到其周长为 0.157 m。

(10) 保存、编译与下载编码器参数配置。参数配置完成后，在工具栏中单击"Save project and compile changes"按钮 🖫，会弹出如图 5.237 所示窗口；当保存与编译过程完成后，此窗口会自动关闭。

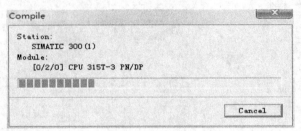

图 5.237　编译过程

(11) 当参数配置的保存与编译完成后，在菜单栏中单击"Target system"，在列表中单击"Select target devices..."，如图 5.238 所示。

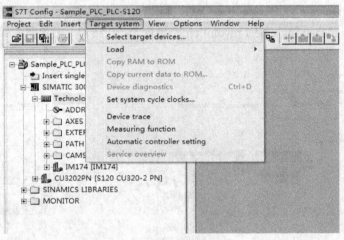

图 5.238　选择目标对象

(12) 在弹出窗口中，勾选"Technology"，单击"OK"按钮，如图 5.239 所示。

(13) 在导航栏中单击设备名称，在工具栏中单击"Connect to selected target devices"按钮 🖳。成功连接至驱动系统后，在工具栏中单击"Download CPU / drive unit to target device"按钮 🏛。在弹出窗口中，单击"Yes"按钮。

(14) 下载完成后，会在详细信息窗口显示相关信息，如图 5.240 所示。

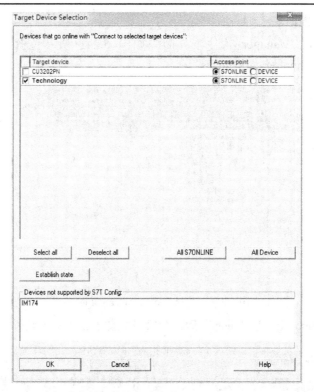

图 5.239　勾选 "Technology"

	Level	Message
		All
4	Information	SIMATIC_300_1_: Technology: Download for device Technology - all technology object data will be initialized.
5	Information	SIMATIC_300_1_: Technology: Loading project information...
6	Information	SIMATIC_300_1_: Technology: Loading the 'execution system' configuration to the controller...
7	Information	SIMATIC_300_1_: Technology: Checking the I/O telegram configuration...
8	Information	SIMATIC_300_1_: Technology: I/O telegram configuration is consistent - download will be skipped.
9	Information	SIMATIC_300_1_: Technology: Checking the I/O configuration...
10	Information	SIMATIC_300_1_: Technology: I/O configuration is consistent - download skipped.
11	Information	SIMATIC_300_1_: Technology: Checking the default values of the device variables...
12	Information	SIMATIC_300_1_: Technology: Checking the TO configuration...
13	Information	SIMATIC_300_1_: Technology: External_encoder_1: No relevant changes, download skipped
14	Information	SIMATIC_300_1_: Technology: Validity check of the I/O configuration in device...
15	Information	SIMATIC_300_1_: Technology: Checking the global device data...
16	Information	SIMATIC_300_1_: Technology: Loading global device data...
17	Information	SIMATIC_300_1_: Technology: Checking the sources...
18	Information	SIMATIC_300_1_: Technology: Determination of the charts to be loaded...
19	Information	SIMATIC_300_1_: Technology: Download completed
20	Information	Download to target system completed successfully
21	Information	SIMATIC_300_1_: Technology: Copy RAM to ROM performed successfully.

☑ 0 error(s)　　☑ 0 warning(s)　　☑ 21 information

Alarms　Symbol browser　Target system output　Compile/check output

图 5.240　相关信息

3. 生成编码器数据块

(1) 在 SIMATIC Manager 软件主界面中如图 5.241 所示位置找到"Technological Objects"，双击"Technological Objects"。

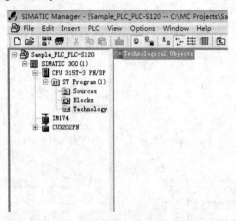

图 5.241　选择 Technological Objects

(2) 双击"Technological Objects"后，会打开如图 5.242 所示软件界面。

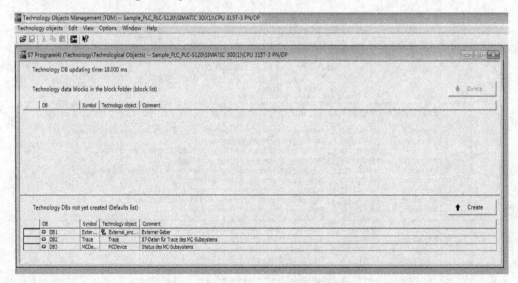

图 5.242　打开 Technological Objects 窗口

(3) 单击如图 5.243 所示框选位置，然后单击"Create"按钮。

(4) 在弹出窗口中，单击"Yes"按钮，如图 5.244 所示。

(5) 可以看到编码器数据块已经被创建，如图 5.245 所示。

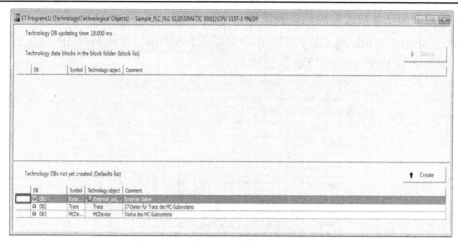

图 5.243 创建数据块

图 5.244 点击确认

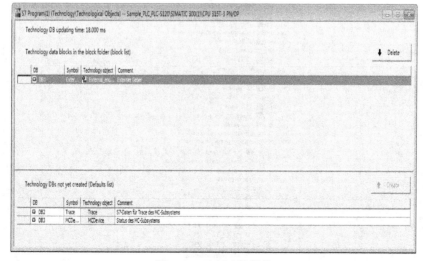

图 5.245 已创建数据块

4. 通过调用功能块读取编码器测量值

(1) 在 SIMATIC Manager 软件主界面中如图 5.246 所示位置找到"OB1",双击"OB1"。

(2) 在弹出窗口中,单击"OK"按钮。

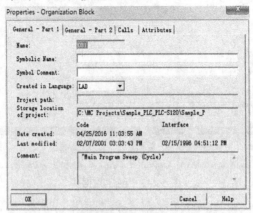

图 5.246　确认 OB1

(3) 单击"OK"按钮后,打开 OB1 编程界面。

(4) 在左侧总览中如图 5.247 所示位置找到"S7-Tech V4.2"。

图 5.247　选择 S7-Tech V4.2

单击图标 ⊞ 展开列表，找到"FB432"，将"FB432"拖拽至"Network 1"，如图 5.248 所示。

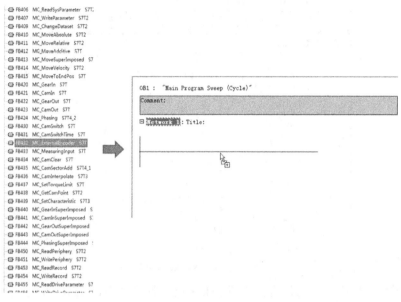

图 5.248　添加 FB432

(5) 将"FB432"拖拽至"Network 1"后，会在"Network 1"处出现"FB432"功能块图标，如图 5.249 所示。

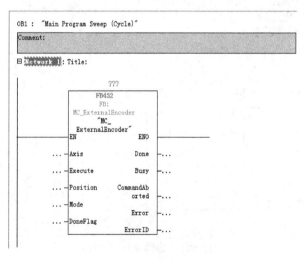

图 5.249　FB432 功能块

(6) 单击"？？？"，在提示框中输入"DB432"并按两次回车键，如图 5.250 所示。

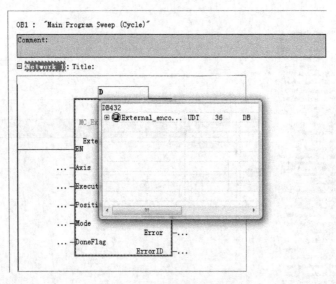

图 5.250　链接数据块

(7) 在弹出窗口中，询问是否创建新的 DB 块，单击"Yes"按钮。

(8) 单击如图 5.251 所示框选位置。

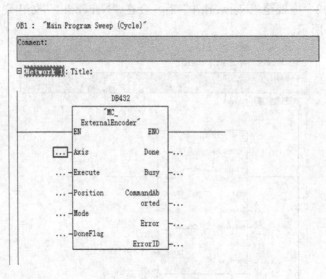

图 5.251　编辑 axis 参数(1)

(9) 在提示框中输入"1"，按两次回车键，如图 5.252 所示。

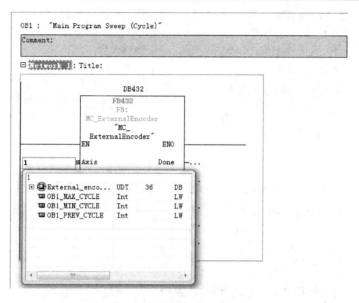

图 5.252　编辑 axis 参数(2)

(10) 按照同样的方法，为其他输入参数赋值。如图 5.253 所示。

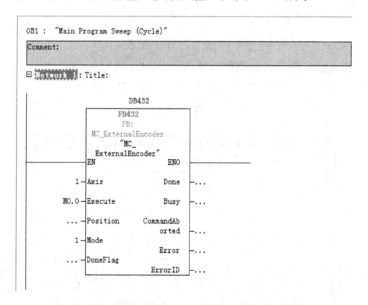

图 5.253　编辑其他 FB432 的参数

(11) 打开变量监控表"VAT_1"，添加监控变量地址 M0.0，如图 5.254 所示。

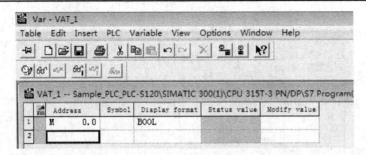

图 5.254　添加变量监控

(12) 在工具栏中单击"Monitor variable"按钮 ⚙ 开始在线监控，如图 5.255 所示。

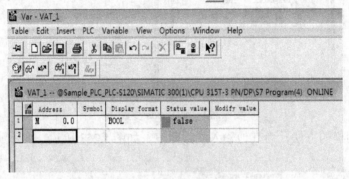

图 5.255　开始在线监控

(13) 右击如图 5.256 所示框选位置，单击"Modify Address to 1"按钮。

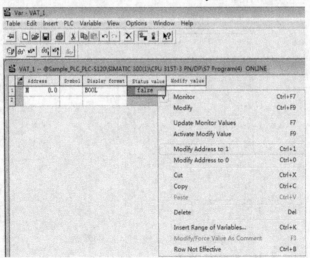

图 5.256　在线调试

(14) 可以看到变量 M0.0 的状态已经由 "false" 变为 "true"，如图 5.257 所示。

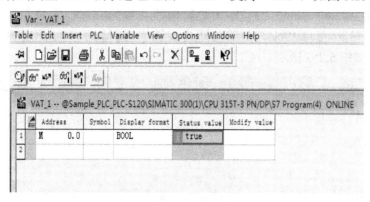

图 5.257　监控状态

说明：由于之前将功能块 FB432 的输入参数 "Execute" 设为变量 M0.0，所以只有当变量 M0.0 的状态为 "true" 时才会激活功能块 FB432。

(15) 在 SIMATIC Manager 软件主界面中找到 "DB1"，双击 "DB1"，打开如图 5.258 所示软件界面。

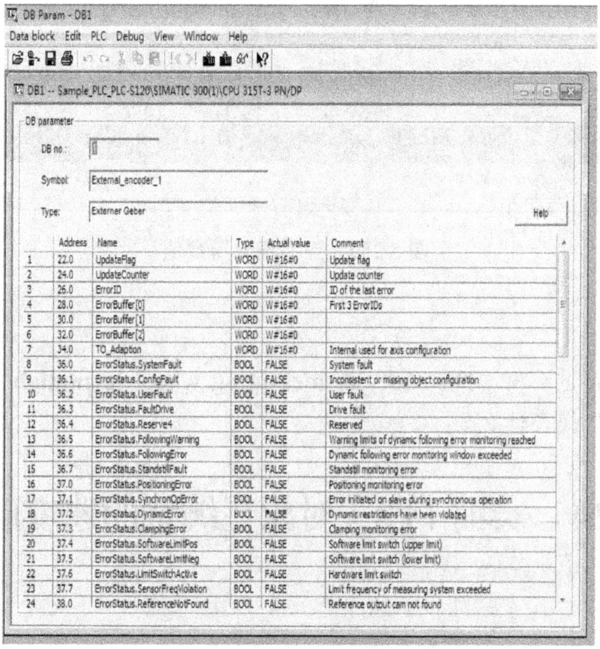

图 5.258　打开 DB1

(16) 在工具栏中单击"Monitor on/off"按钮 💾，使用滚动条将数据块变量列表滚动至最底部。变量 ActualPosition 的值即为旋转编码器辊的实际位置累积值，变量地址为 DB1.DBD44。变量 ActualVelocity 的值即为旋转编码器辊的实际速度值，变量地址为 DB1.DBD48，如图 5.259 所示。

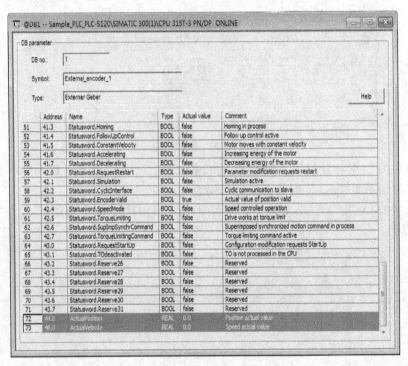

图 5.259　查看编码器数值

五、思考

配置编码器参数时不将"Distance per measuring wheel revolution"设置为"0.157"测得的数值又是多少？代表什么？

5.14　实训十四　对象三缠绕的速度闭环

一、实训目的

(1) 掌握卷绕设备速度环的调试；

(2) 掌握 STEP7 的 PID 块的使用；

(3) 掌握速度单闭环运动控制系统的调试。

二、实训准备

本章实训七完成后的项目文件(另外建好 3 个实轴的虚拟轴，并且添加编码器；生成对应数据块)，保证硬件设备连接正常，设备上电，连接上调试计算机。

三、实训内容及原理

将收卷电机和外部的编码器作为一个闭环，将实时测得的物料带线速度作为 PV，通过实时的改变电机的转速从而保持物料带的线速度稳定。

1. PID 控制器(比例-积分-微分控制器)

PID 控制器由比例单元 P、积分单元 I 和微分单元 D 组成。PID 控制的基础是比例控制；积分控制可消除稳态误差，但可能增加超调；微分控制可加快大惯性系统响应速度以及减弱超调趋势。这个理论和应用的关键是做出正确的测量和比较后，如何才能更好地纠正系统。

PID 控制器输入 $e(t)$ 与输出 $u(t)$ 的关系为

$$u(t) = kp\left[e(t) + \frac{1}{\text{TI}}\int e(t)\,\mathrm{d}t + \frac{\text{TD}\times\mathrm{d}\,e(t)}{\mathrm{d}\,t}\right]$$

式中积分的上下限分别是 0 和 t。

因此它的传递函数为

$$G(s) = \frac{U(s)}{E(s)} = kp\left[1 + \frac{1}{\text{TI}\times s} + \text{TD}\times s\right]$$

其中：kp 为比例系数；TI 为积分时间常数；TD 为微分时间常数。

PID 控制器就是根据系统的误差，利用比例、积分、微分计算出控制量进行控制的。

2. PID 控制比例 P 控制

比例控制是一种最简单的控制方式，其控制器的输出与输入误差信号成比例关系。当仅有比例控制时系统输出存在稳态误差。

3. PID 控制积分 I 控制

在积分控制中，控制器的输出与输入误差信号的积分成正比关系。对一个自动控制系统，如果在进入稳态后存在稳态误差，则称这个控制系统是有稳态误差或简称有差系统。为了消除稳态误差，在控制器中必须引入"积分项"。积分项对误差取决于时间的积分，随着时间的增加，积分项会增大，这样，即便误差很小，积分项也会随着时间的增加而加大，它推动控制器的输出增大使稳态误差进一步减小，直到等于零。因此，比例+积分(PI)控制器，可以使系统在进入稳态后无稳态误差。

4. PID 控制微分 D 控制

在微分控制中，控制器的输出与输入误差信号的微分(即误差的变化率)成正比关系。自动控制系统在克服误差的调节过程中可能会出现振荡甚至失稳，其原因是存在有较大惯性组件(环节)或有滞后(delay)组件，具有抑制误差的作用，其变化总是落后于误差的变化。解决的办法是使抑制误差作用的变化"超前"，即在误差接近零时，抑制误差的作用就应该是零。这就是说，在控制器中仅引入"比例"项往往是不够的，比例项的作用仅是放大误差的幅值，因而需要增加的是"微分项"，它能预测误差变化的趋势，这样，具有比例+微分的控制器，就能够提前使抑制误差的控制作用等于零，甚至为负值，从而避免了被控量的严重超调。所以对有较大惯性或滞后的被控对象，比例+微分(PD)控制器能改善系统在调节过程中的动态特性。

四、实训步骤

(1) 组态好 PLC 和驱动器，生成虚拟轴对象，外部编码器，在 Technology 生成对应的 DB 块。MB0 为 CPU 的时钟脉冲寄存器，如图 5.260 所示。

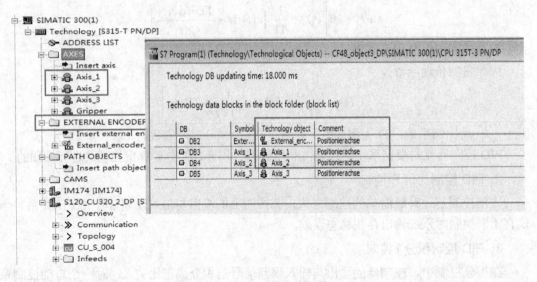

图 5.260　生成虚拟轴对象

(2) 编写控制程序，FC2 读取编码器速度；FC3 轴使能速度的工艺块，FC5 速度闭环，FC4 张力闭环。DB20.DBX10.1 选择激活速度张力闭环与否。OB1 的程序如图 5.261 所示。

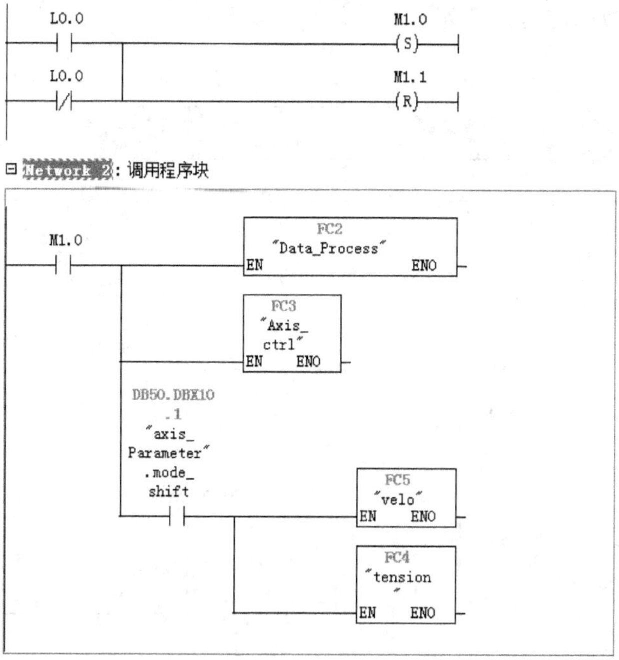

L0.0
M1.0
(S)
L0.0
M1.1
(R)
Network 2: 调用程序块
M1.0
FC2
"Data_Process"
EN
ENO
FC3
"Axis_ctrl"
EN
ENO
DB50.DBX10.1
"axis_Parameter".mode_shift
FC5
"velo"
EN
ENO
FC4
"tension"
EN
ENO

图 5.261　OB1 程序

(3) FC2 的程序如图 5.262 所示。

FC2 : Title:
Comment:
Network 1: Encoder Data
DB532
"MC_ExternalEncoder_1"
FB432
FB:
MC_ExternalEncoder
"MC_ExternalEncoder"
EN
ENO
2
Axis
Done
M0.7
Execute
Busy
Position
CommandAborted
Mode
Error
DoneFlag
ErrorID

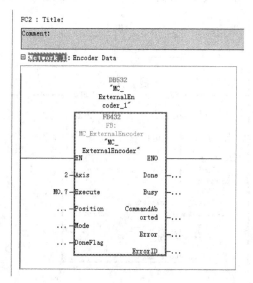

图 5.262　FC2 程序

(4) FC3 的程序如图 5.263 所示。

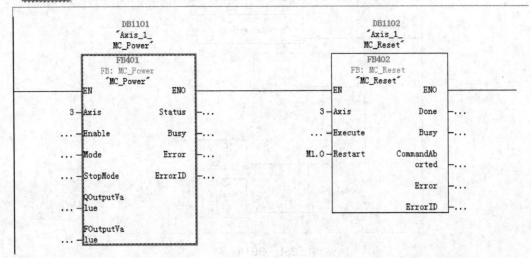

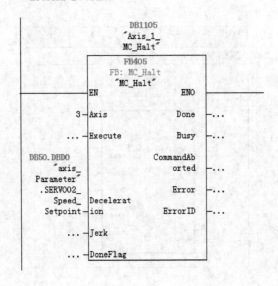

⊟ **Network 3**: Title:

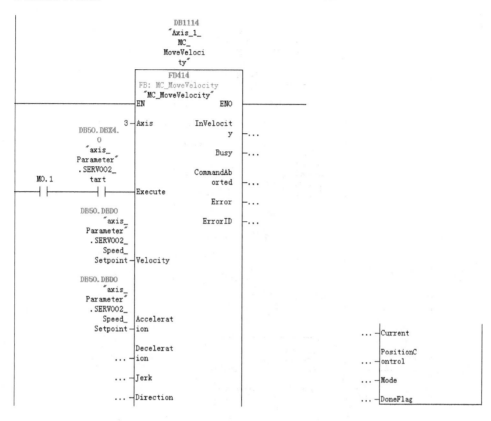

⊟ **Network 4**: Title:

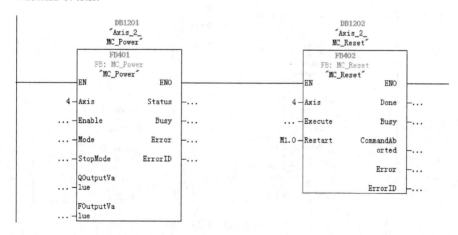

⊟ **Network 5** : Title:

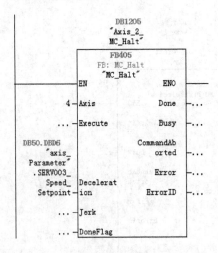

⊟ **Network 6** : Title:

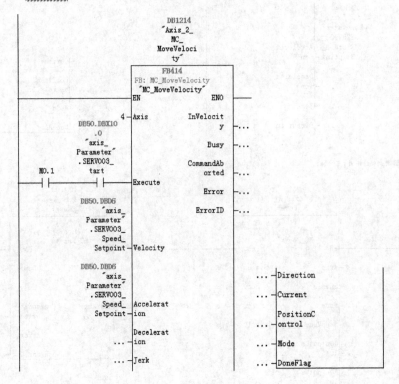

图 5.263　FC3 程序

(5) FC5 的编程如图 5.264 所示。

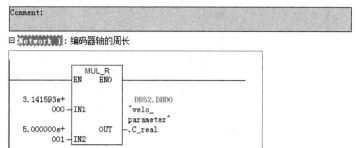

FC5 : Title:

Comment:

□ **Network 1**：编码器轴的周长

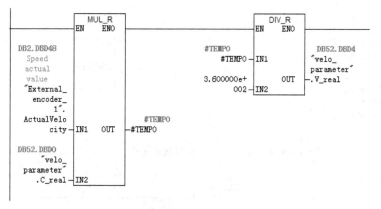

□ Network 2：换算出带子的线速度

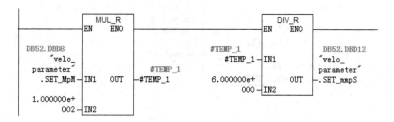

□ Network 3：设定线速度换算成轴的角速度

⊟ **Network 4**: Title:

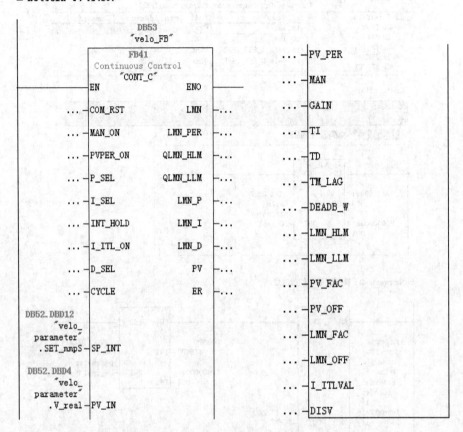

⊟ **Network 5**: 输出的百分比换算成交速度

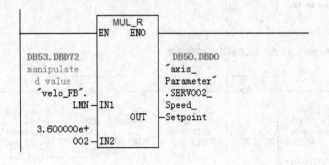

□ Network 6：PID的I

□ Network 7：PID的D

图 5.264 FC5 程序

(6) DB50 的变量表如图 5.265 所示。

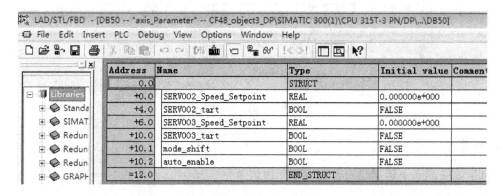

图 5.265 DB50 变量表

(7) 全部程序编写完毕后保存编译下载。

(8) 打开状态监控表把变量添加进来。Axis_1 对应的是收卷电机，Axis_2 对应的是放卷电机。没有使能放卷电机，靠减速机、电机自身的阻力形成张力，用收卷电机控制物料的线速度。先 mode_shift 置 1，电机转速由 PID 模块给出。设定好线速度的设定值，SET_MpM，米每分钟为单位。设置好增益比例积分系数。Axis_1 使能，SERVO02_tart 置 1，速度传给轴。轴开始自动按照设定的线速度调节电机转速，如图 5.266 所示。

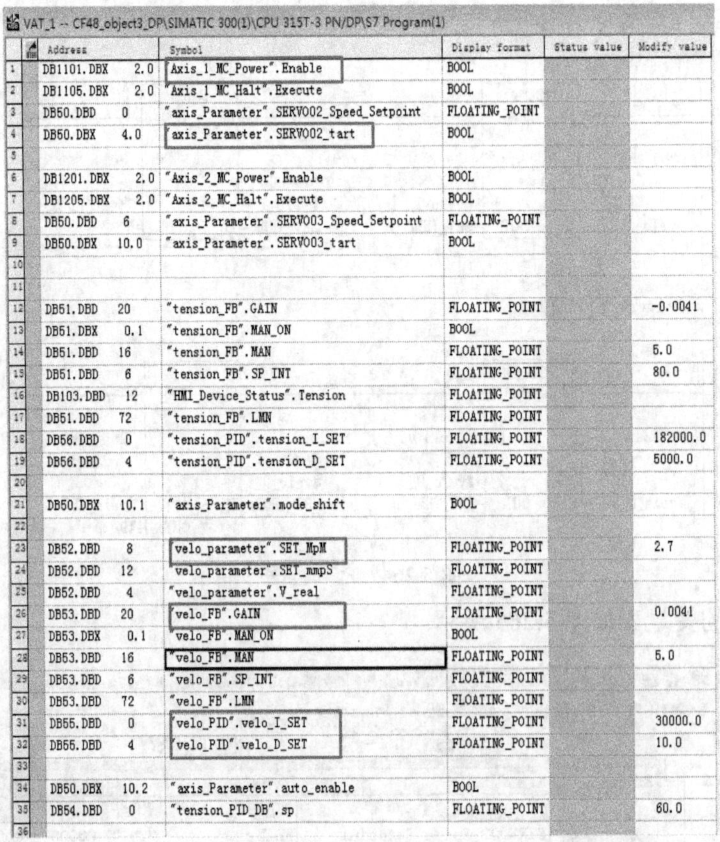

VAT_1 -- CF48_object3_DP\SIMATIC 300(1)\CPU 315T-3 PN/DP\S7 Program(1)

	Address		Symbol	Display format	Status value	Modify value
1	DB1101.DBX	2.0	Axis_1_MC_Power".Enable	BOOL		
2	DB1105.DBX	2.0	"Axis_1_MC_Halt".Execute	BOOL		
3	DB50.DBD	0	"axis_Parameter".SERVO02_Speed_Setpoint	FLOATING_POINT		
4	DB50.DBX	4.0	"axis_Parameter".SERVO02_tart	BOOL		
5						
6	DB1201.DBX	2.0	"Axis_2_MC_Power".Enable	BOOL		
7	DB1205.DBX	2.0	"Axis_2_MC_Halt".Execute	BOOL		
8	DB50.DBD	6	"axis_Parameter".SERVO03_Speed_Setpoint	FLOATING_POINT		
9	DB50.DBX	10.0	"axis_Parameter".SERVO03_tart	BOOL		
10						
11						
12	DB51.DBD	20	"tension_FB".GAIN	FLOATING_POINT		-0.0041
13	DB51.DBX	0.1	"tension_FB".MAN_ON	BOOL		
14	DB51.DBD	16	"tension_FB".MAN	FLOATING_POINT		5.0
15	DB51.DBD	6	"tension_FB".SP_INT	FLOATING_POINT		80.0
16	DB103.DBD	12	"HMI_Device_Status".Tension	FLOATING_POINT		
17	DB51.DBD	72	"tension_FB".LMN	FLOATING_POINT		
18	DB56.DBD	0	"tension_PID".tension_I_SET	FLOATING_POINT		182000.0
19	DB56.DBD	4	"tension_PID".tension_D_SET	FLOATING_POINT		5000.0
20						
21	DB50.DBX	10.1	"axis_Parameter".mode_shift	BOOL		
22						
23	DB52.DBD	8	velo_parameter".SET_MpM	FLOATING_POINT		2.7
24	DB52.DBD	12	velo_parameter".SET_mmpS	FLOATING_POINT		
25	DB52.DBD	4	"velo_parameter".V_real	FLOATING_POINT		
26	DB53.DBD	20	"velo_FB".GAIN	FLOATING_POINT		0.0041
27	DB53.DBX	0.1	"velo_FB".MAN_ON	BOOL		
28	DB53.DBD	16	"velo_FB".MAN	FLOATING_POINT		5.0
29	DB53.DBD	6	"velo_FB".SP_INT	FLOATING_POINT		
30	DB53.DBD	72	"velo_FB".LMN	FLOATING_POINT		
31	DB55.DBD	0	"velo_PID".velo_I_SET	FLOATING_POINT		30000.0
32	DB55.DBD	4	"velo_PID".velo_D_SET	FLOATING_POINT		10.0
33						
34	DB50.DBX	10.2	"axis_Parameter".auto_enable	BOOL		
35	DB54.DBD	0	"tension_PID_DB".sp	FLOATING_POINT		60.0
36						

图 5.266　状态监控表

五、思考

伺服速度模式下加减速的设置应该如何调节？

5.15　实训十五　PLC 与 S120 报文通信方式控制电机

一、实训目的

(1) 了解 1 号报文的结构；

(2) 了解 PROFIDrive 的应用

(3) 掌握 PLC 与 S120 报文通信方式控制电机。

二、实训准备

将原来接在 CPU 的 DP(Drive)口上的紫色线缆接到 MPI/DP 口上，保证硬件设备连接正常，设备上电，连接上调试计算机。

三、实训内容及原理

PROFIDrive 是西门子的 PROFIBUS 和 PROFINET 两种通信方式的生产与自动化控制应用的一种协议框架，也可称作"行规"。PROFIDrive 使得用户更快捷方便的实现对驱动的控制，不必受使用的总线系统(PROFIBUS、PROFINET)的影响。

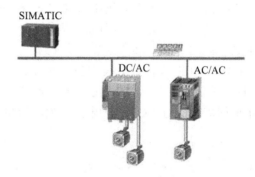

图 5.267　通信连接示意图

S7-300/400 与 SINAMICS S120 之间通过 DP 总线可进行周期性及非周期性数据通信，如图 5.267 所示。使用标准 S7 功能块 SFC14/SFC15，S7-300/400PLC 通过 PROFIBUS 周期性通信的方式可将控制字 1(CTW1)和主设定值(NSETP_B)发送至驱动器；使用标准 S7 功能块 SFC58/SFC59，可以实现非周期性数据交换，读取或写入驱动器的参数。

可根据实际的不同需求选择根据 PROFIDrive 协议构建的标准报文。过程数据的内部互联根据设置的报文编号自动进行。通过参数 p0922 可设置如表 5.1 所示的标准报文。

表 5.1　标准报文参数

Drive object	Telegrams(p0922)
A_INF	370,999
B_INF	370,999
S_INF	370,999
SERVO	2,3,4,5,6,102,103,105,106,116,999
SERVO(EPOS)	7,110,999
SERVO(extension, setpoint channel)	1,2,3,4,5,6,102,103,106,116,999
VECTOR	1,2,3,4,20,352,999
TM15DI/DO	No telegram default defined
TM31	No telegram default defined
TM41	3,999
TB30	No telegram default defined
CU_S	390,391,999

报文格式 999 为用户自定义报文,当用户选择此报文格式时,电机的起、停控制位等需自己做关联,此时必须将 PLC 控制请求置 1(P854 = 1)。

有关报文通信的详细内容可以查看 SINAMICS S120 变频控制系统的应用指南。

四、实训步骤

(1) 新建好一个空的 315T-3CPU 项目,打开硬件组态。

(2) 进入硬件组态视图,取消 DP DRIVE 口的 PROFIBUS 连接(硬件同样要断开连接),如图 5.268 所示。

(3) 删除原 PROFBUS 连接,如图 5.269 所示。

(4) 选择 MPI/DP 口(硬件接线同样连接到该口)的 PROFIBUS 方式,设置主站地址,添加 PROFIBUS 连接,如图 5.270 所示。

(5) 将 S120 拖拽到 PROFIBUS 线上,在弹出窗口中设置地址(地址与实际设备的两位旋钮设置的地址一致),选择 CU 的版本号(CF 卡内引导程序版本),设置等时同步(等时同步的时间周期应与 T-CPU 的周期一致),如图 5.271 所示。

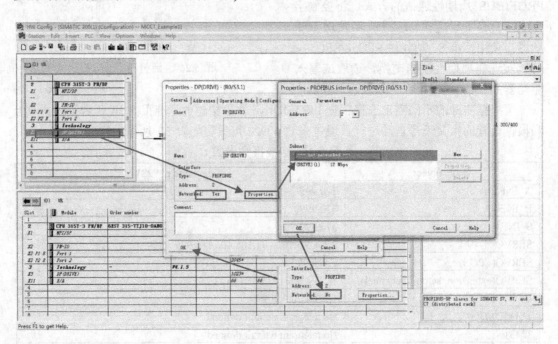

图 5.268　设置网络连接

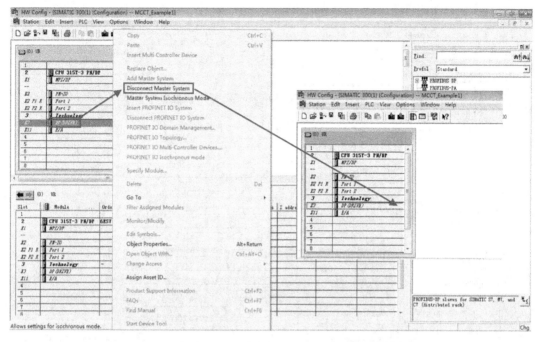

图 5.269　删除原 PROFBUS 连接

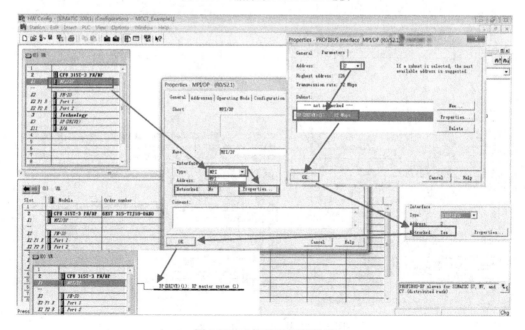

图 5.270　MPI/DP 网络设置

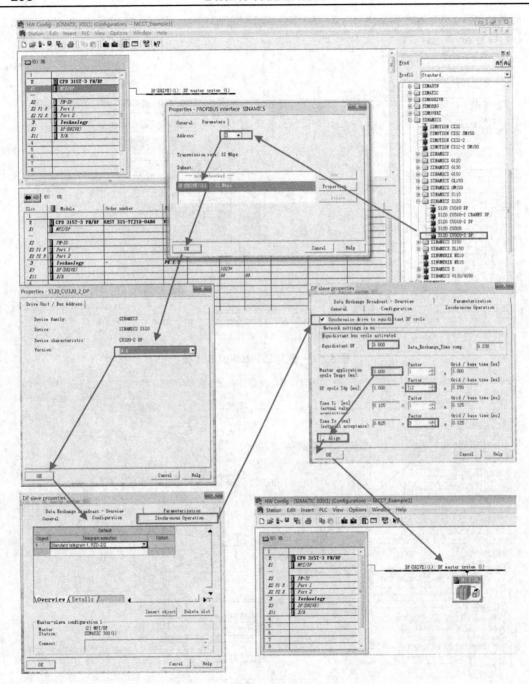

图 5.271　添加 S120 并设置参数

（6）编译硬件组态，如图 5.272 所示。编译完后打开网络视图。

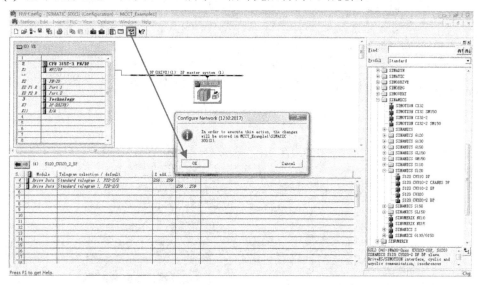

图 5.272　组态编译硬件

（7）进入网络视图后，在右侧菜单目录下找到 PG/PC 并将其拖拽到网络组态区，如图 5.273 所示。

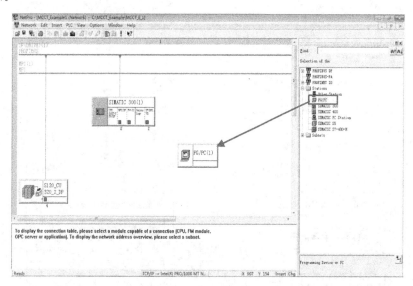

图 5.273　添加 PG/PC

（8）为 PG/PC 添加网卡以及网络连接，如图 5.274 所示。

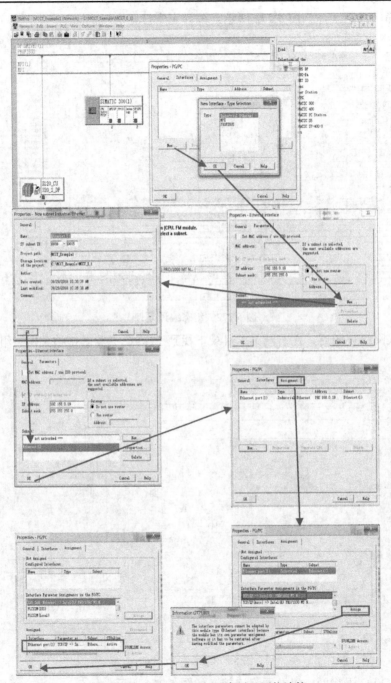

图 5.274　为 PG/PC 添加网卡以及网络连接

(9) 添加完网卡的 PG/PC, 如图 5.275 所示。

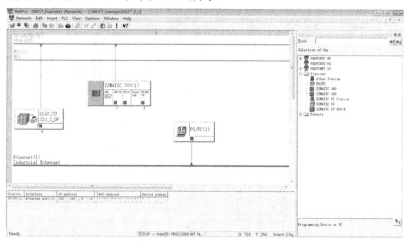

图 5.275 添加完网卡的 PG/PC

(10) 为 CPU 添加网络连接, 如图 5.276 所示。

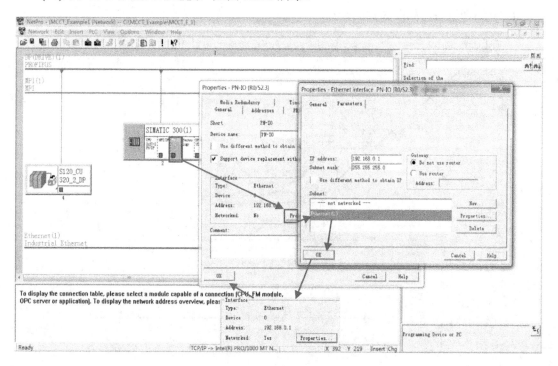

图 5.276 为 CPU 添加网络连接

(11) 添加完 CPU 网络连接后的网络视图，如图 5.277 所示。

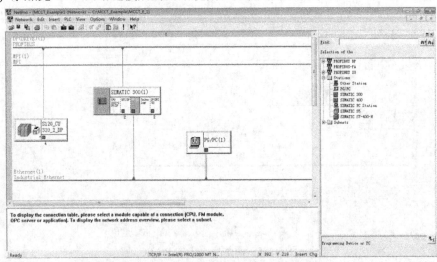

图 5.277　添加完 CPU 网络连接后的网络视图

(12) 编译组态，如图 5.278 所示。

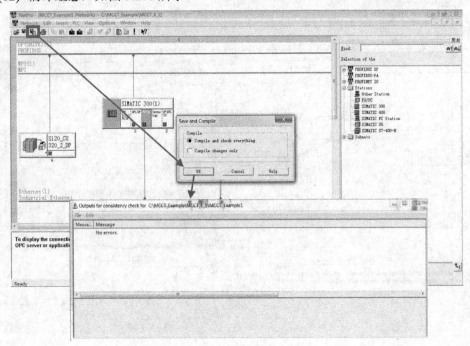

图 5.278　编译组态

(13) 下载组态，如图 5.279 所示。

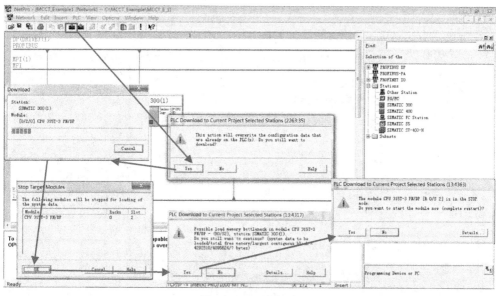

图 5.279　下载组态

(14) 回到组件视图，打开 S120 菜单下的 Commissioning。

(15) 进入 S7T Config 后，选择在线设备，如图 5.280 所示。

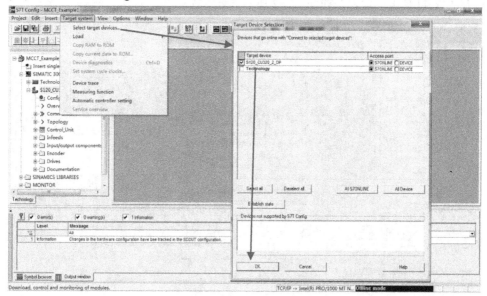

图 5.280　进入 S7T Config

(16) 设备在线，如图 5.281 所示。

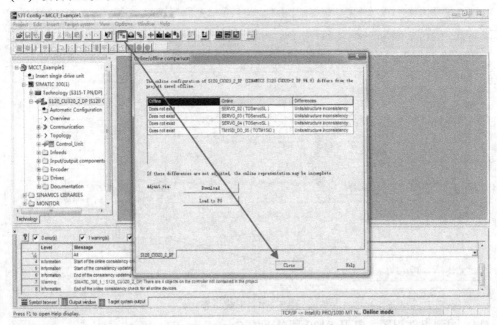

图 5.281　在线设备

(17) 设备恢复出厂设置，如图 5.282 所示。

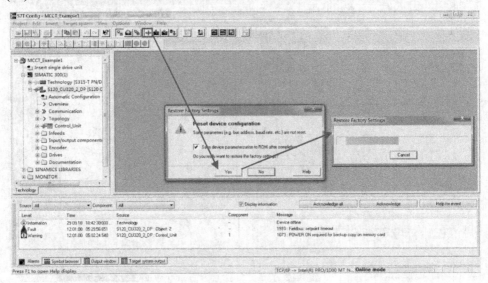

图 5.282　恢复出厂设置

(18) 自动组态设备，如图 5.283 所示。

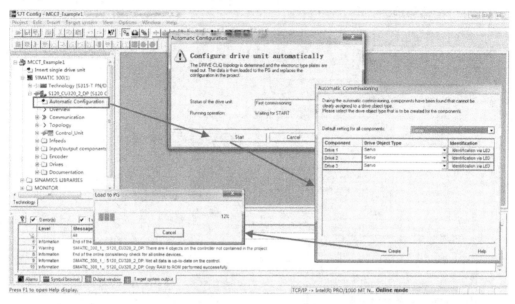

图 5.283　自动组态设备

(19) 自动组态完成后视图，如图 5.284 所示。

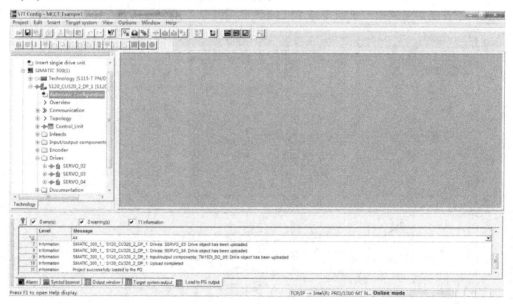

图 5.284　完成自动组态

(20) 离线设备，进入设备报文设置，如图 5.285 所示。将 SERVO_02 轴的报文设为 1 号报文，并分配偏移地址。

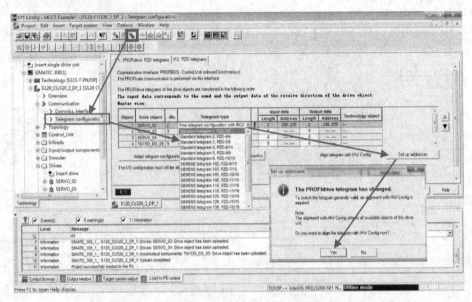

图 5.285　离线设备进入报文设置

(21) 完成报文配置后，重新下载 PLC 程序和组态，如图 5.286 所示。

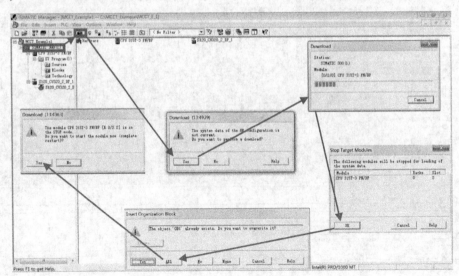

图 5.286　下载 PLC 程序和组态

(22) 下载 PLC 程序和组态后，进入 SERVO_02 的专家列表，将 P864 置为 1，编译更改，如图 5.287 所示。

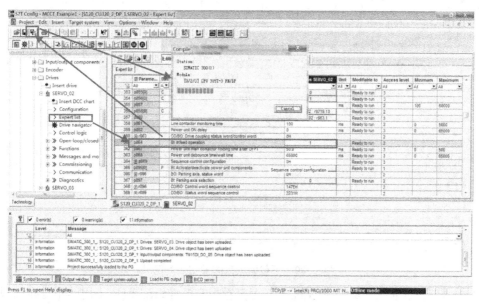

图 5.287　SERVO_02 的专家列表

(23) 在线设备，并下载离线更改的项，如图 5.288 所示。

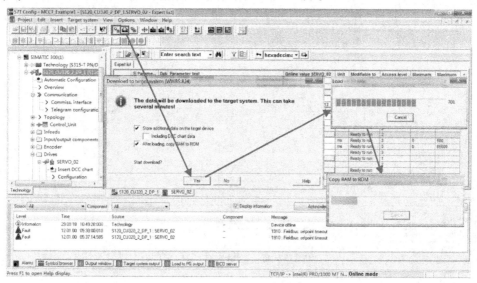

图 5.288　下载更改的内容

(24) 下载完成后的报文配置视图，如图 5.289 所示。

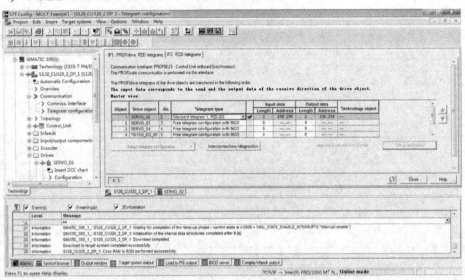

图 5.289　下载完成后的报文配置视图

(25) 打开 SERVO_02 的报文配置，可查看报文的详细配置(由于用的不是自由报文，所以无法更改报文内部的具体配置)，如图 5.290 所示。

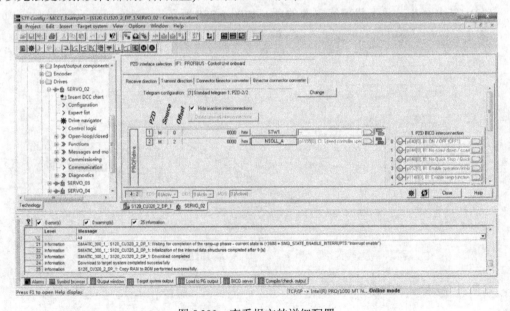

图 5.290　查看报文的详细配置

(26) S120 接收控制字，如图 5.291 所示。PZD1 为控制逻辑相应项(负责电机的启动)，PZD2 为电机速度给定值，在此次实训中主要以通过 PLC 程序与 S120 通信来操作它们。

注：点击 STW1 可看其内部具体配置，下同。

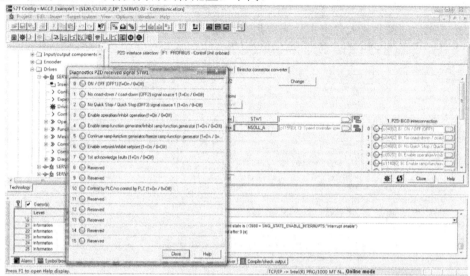

图 5.291 S120 接收控制字

(27) S120 发送状态字，如图 5.292 所示。

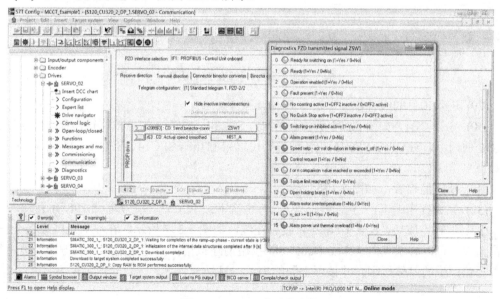

图 5.292 S120 发送状态字

(28) SERVO_02 的控制逻辑(1 号报文的控制字 PZD1 的配置体现在此)，如图 5.293 所示。

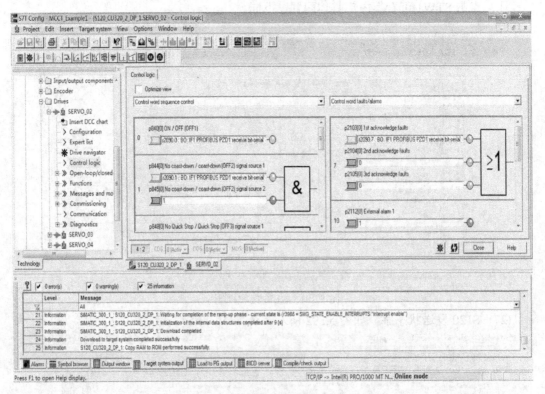

图 5.293　SERVO_02 的控制逻辑

(29) 进入项目的组件视图，进入 Blocks 菜单。

(30) 打开 OB1，如图 5.294 所示。左侧为 SFC14、SFC15 的寻找路径，右侧为 SFC14、SFC15 的调用，SFC14、SFC15 的详细说明可以单独点击 SFC14、SFC15 的块，再按下 F1 查看。

(31) 新建监控表，如图 5.295 所示。

(32) 完成程序编辑，监控表的建立后，再次下载 PLC 程序，如图 5.296 所示。

(33) 下载完成后，S7T Config 将设备在线，如图 5.297 所示。在线后可能设备会出现报错情况，可以尝试点击 Acknowledge all 按钮消除报错；如无法消除，双击错误消息行，查看报错产生的具体原因，并按照上面的提示信息处理。

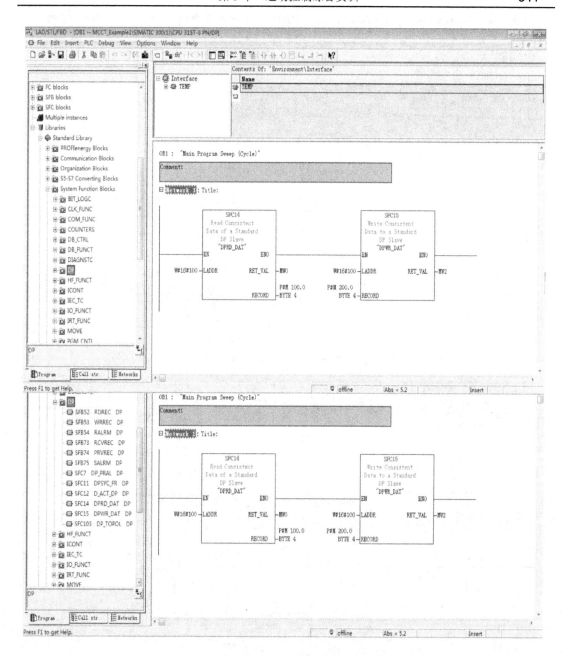

图 5.294　SFC14、SFC15

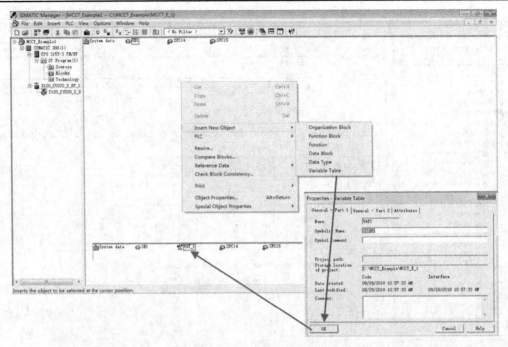

图 5.295 新建监控表

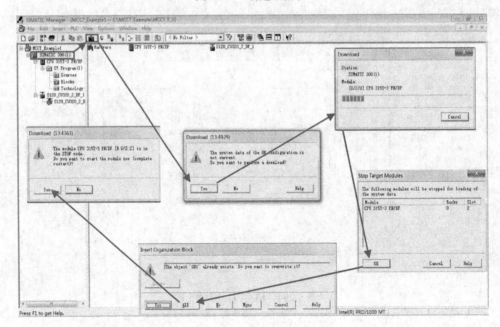

图 5.296 完成程序编辑并下载

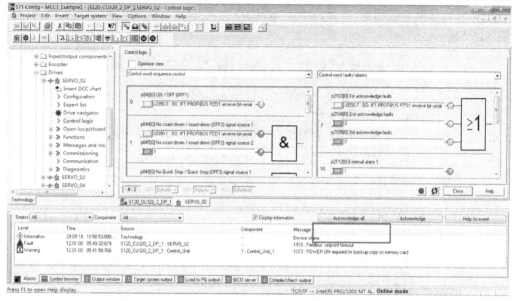

图 5.297　S7T Config 界面

(34) 在监控表中添加控制字对应的中间变量，如图 5.298 所示。Address 为 MW200、MW202 和程序中填写的起始地址有关。

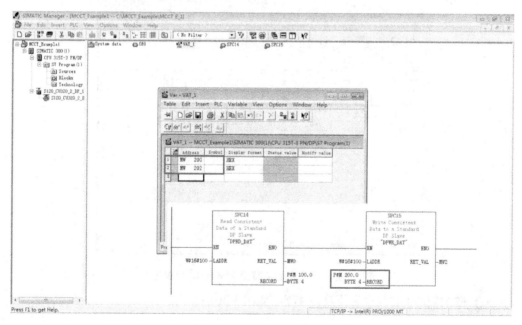

图 5.298　监控表中添加中间变量

(35) 开启变量监控功能,并且预给定 MW200 为 47E,MW202 为 1000(均为 16 进制数),如图 5.299 所示。

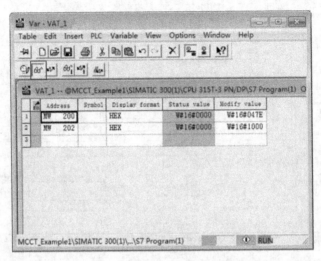

图 5.299　开启变量监控功能

(36) 将预给定的值赋给 MW200、MW202,如图 5.300 所示。

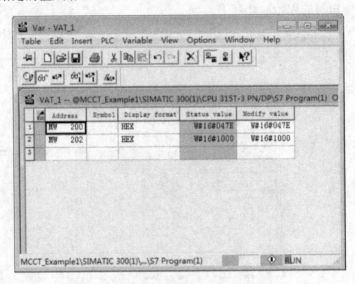

图 5.300　预给定的值赋给 MW200、MW202

(37) 将 MW200 的预给定值设为 47F,如图 5.301 所示。

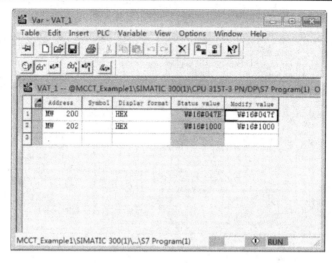

图 5.301　MW200 预给定值

(38) MW200 对应 PZD1 为 47F 时的状态图，如图 5.302 所示。从 15 到 0，16 个位从前往后排，再将其转换为十六进制，可以清晰地看出为 47F；47E 与 47F 的区别为 P840 为 0 和 1 的区别，47E 为电机启动就绪准备完成配置，P840 只有从 0 到 1 的上升沿，才能启动电机。MW202 的值可从 PZD2 看出为 1000(Hex)。

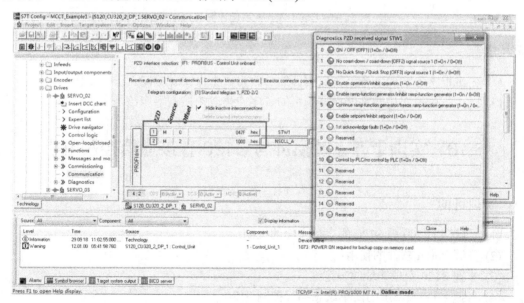

图 5.302　MW200 对应 PZD1 为 47F 时的状态图

(39) PZD1 为 47F 时的控制逻辑状态，如图 5.303 所示。

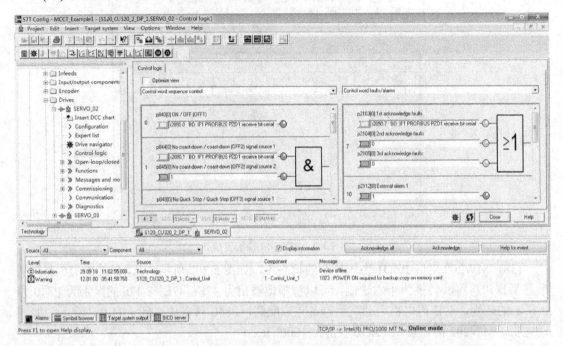

图 5.303 PZD1 为 47F 时的控制逻辑状态

五、思考

(1) 先将报文配置成 1 号报文做实训然后改为自由报文看看能否正常工作。

(2) 改为自由报文后随意调换控制字的顺序，传送的控制字应该是多少？

5.16 实训十五 触摸屏与 S120 直接通信控制电机

一、实训目的

(1) 了解 KTP700 与 S120 的直接通信的机制；

(2) 掌握 Portal 软件的使用；

(3) 掌握 S120 变量地址的确定方法；

(4) 掌握 KTP 触摸屏的简单组态编程控制 S120。

二、实训准备

保证硬件设备连接正常，设备上电，连接上调试计算机。

三、实训内容及原理

HMI 和 S120 的直接通信与 HMI 和 PLC 的通信的方法基本是相同的，将 S120 作为一个站，HMI 直接对站进行数据的读取。需要注意的是除了需要知道地址，还需要知道目标变量的变量名。

变量地址的设定规则如下：

DB：= 参数号；

DBX：= 1024 × 装置号+参数下标(X 可为 W 或 D，根据 S120 参数的数据类型而定)。

参数读写例子：

读写 CU 的 P2098.1 变量地址为 DB2098.DBD1025，数据类型：DWORD；其中 DBD 中的 1025 = 1024 × 1(装置号)+1(参数下标)。

读写 SERVO_02 的 P2900.0 变量地址为 DB2900.DBD2048，数据类型：REAL；其中 DBD 中的 2048 = 1024 × 2(装置号) + 0(参数下标)。

可将驱动的速度主给定 P1155 设为 P2900，然后修改 P2900 的值实现变频器的速度给定的修改。在触摸屏上创建 I/O 域并进行变量关联。

四、实训步骤

(1) 打开 Portal 软件，新建工程，选择好项目文件夹保存路径后创建新工程，如图 5.304 所示。

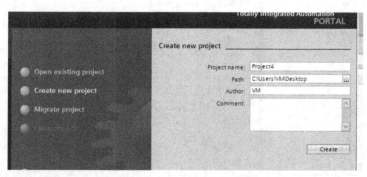

图 5.304　新建 Portal 项目

(2) 打开工程视图，如图 5.305 所示。

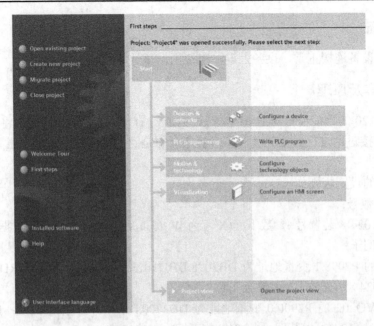

图 5.305　打开 Portal 工程视图

(3) 选择 KTP700 触摸屏，订货号为 6AV2 123-2GB03-0AX0，单击 "OK" 按钮，如图 5.306 所示。

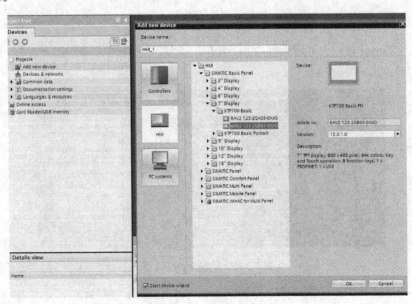

图 5.306　选择触摸屏

(4) 如图 5.307 所示是触摸屏生成的向导。第一个界面是与 PLC 的连接，可以后面再设置。

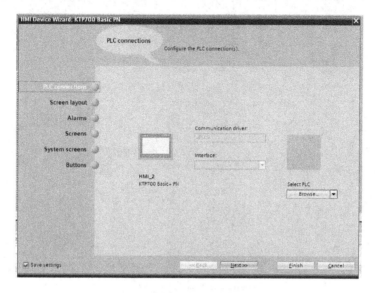

图 5.307 触摸屏生成的向导

(5) 屏幕外观预览，如图 5.308 所示。

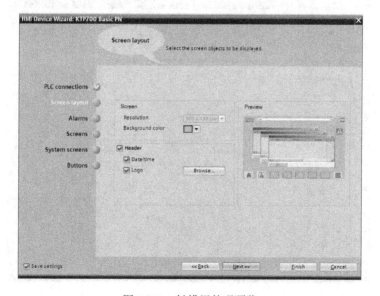

图 5.308 触摸屏外观预览

(6) 报警窗口的选择如图 5.309 所示。

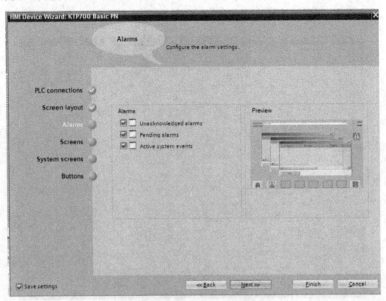

图 5.309　选择报警窗口

(7) 屏幕层级的拓扑结构，如图 5.310 所示。

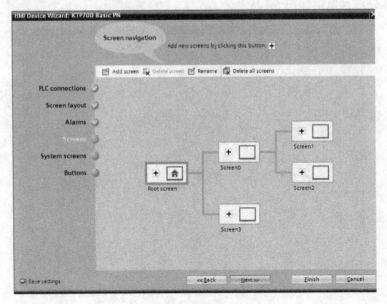

图 5.310　触摸屏拓扑结构

(8) 系统界面的选择，选择完之后单击"Finish"按钮，如图 5.311 所示。

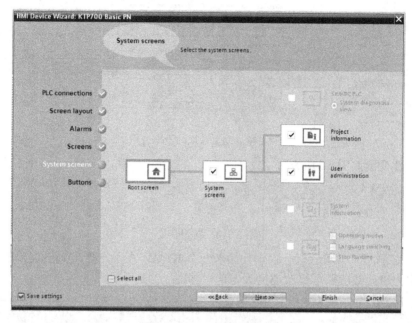

图 5.311　选择系统界面

(9) 先新建连接，连接方式选 S7 300/400，触摸屏的地址可以在开机时设置。PLC 端的地址为 S120 的地址，如图 5.312 所示。

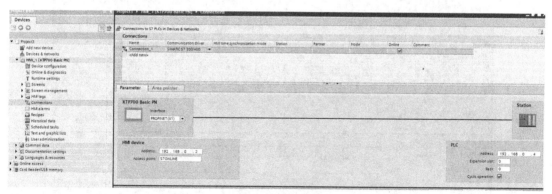

图 5.312　配置连接

(10) 变量地址的设定规则如下：DB: = 参数号 DBX: = 1024 × 装置号 + 参数下标(X 可为 W 或 D，根据 S120 参数的数据类型而定)。装置号参见图 5.313。在 technology 能看到设备的 No.。

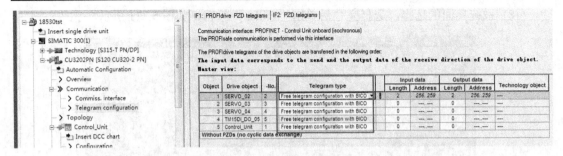

图 5.313　变量地址的设定规则

(11) 新建变量如图 5.314 所示。

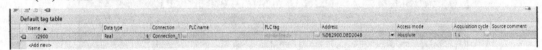

图 5.314　新建变量

(12) 从右侧的工具箱一栏，找到并插入一个 IO 域，在下方连接到刚建立的 r2900，通过在触摸屏上修改数值即可修改速度设定值，如图 5.315 所示。

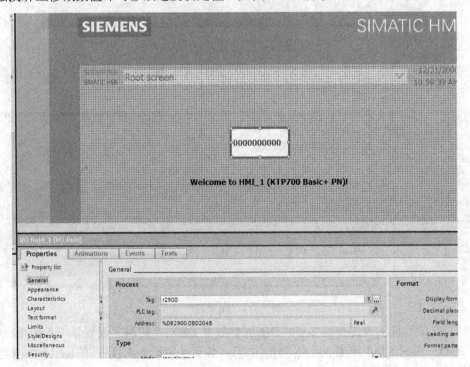

图 5.315　IO 域

(13) 单击点选触摸屏，保存、编译、下载，即将程序下载到触摸屏，实现在触摸屏上进行速度的修改，如图 5.316 所示。

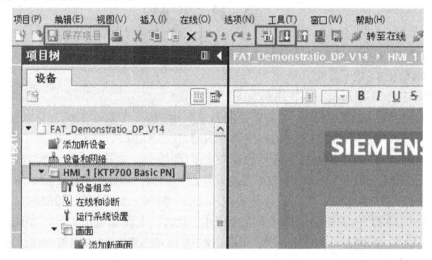

图 5.316　保存、编译、下载

五、思考

(1) 按照本实训介绍的方法尝试读取电机的实时转速、电流、转矩的信息。

(2) 用基本定位的点动在触摸屏上实现单击一下按钮电机转动 90 度。

参 考 文 献

[1]　北京德普罗尔科技有限公司 MCCT 手册 V3.2

[2]　SINAMICS S120 调试手册

[3]　SIMATIC 工程工具 S7-Technology 功能手册

[4]　徐清书. SINAMICS S120 变频器控制系统应用指南. 北京：机械工业出版社，2012

[5]　西门子 S7-300-CPU-317T-2-DP-控制-SINAMICS-S120 入门指南

[6]　李全利. PLC 运动控制技术应用设计与实践(西门子). 北京：机械出版社，2018

[7]　崔坚. SIMATIC S7-1500 与 TIA 博途软件使用指南. 北京：机械工业出版社，2016

[8]　刘长青. S7-1500 PLC 项目设计与实践. 北京：机械工业出版社，2016

[9]　龚仲华. 交流伺服驱动从原理到完全应用. 北京：人民邮电出版社，2010

[10]　王万强，张俊芳，陈国金，等. 工业自动化 PLC 控制系统应用与实训. 北京：机械工业出版社，2013